新时代科技特派员赋能乡村振兴答疑系列

XINSHIDAI KEJI TEPAIYUAN FUNENG XIANGCUN ZHENXING DAYI XILIE

农村 人居环境整治知识

NONGCUN RENJU HUANJING ZHENGZHI ZHISHI YOUWEN BIDA

有问必答

山东省科学技术厅
山东省农业科学院　组编
山 东 农 学 会

杨赵河　主编

中国农业出版社
农村读物出版社
北 京

组编单位

山东省科学技术厅
山东省农业科学院
山东农学会

编审委员会

主　　任：唐　波　李长胜　万书波
副 主 任：于书良　张立明　刘兆辉　王守宝
委　　员（以姓氏笔画为序）：

丁兆军　王　慧　王　磊　王淑芬
刘　霞　孙立照　李　勇　李百东
李林光　杨英阁　杨赵河　宋玉丽
张　正　张　伟　张希军　张晓冬
陈业兵　陈英凯　赵海军　宫志远
程　冰　穆春华

组织策划

张　正　宋玉丽　刘　霞　杨英阁

本书编委会

顾　问：孙　君
主　编：杨赵河
副主编：孙绪芹　　刘颖超　　宋玉丽
参　编：王　舵　　孙明家　　刘梓萱　　徐　卉
　　　　王怡苏　　李丰羽

农业是国民经济的基础，没有农村的稳定就没有全国的稳定，没有农民的小康就没有全国人民的小康，没有农业的现代化就没有整个国民经济的现代化。科学技术是第一生产力。习近平总书记2013年视察山东时首次作出"给农业插上科技的翅膀"的重要指示；2018年6月，总书记视察山东时要求山东省"要充分发挥农业大省优势，打造乡村振兴的齐鲁样板，要加快农业科技创新和推广，让农业借助科技的翅膀腾飞起来"。习近平总书记在山东提出系列关于"三农"的重要指示精神，深刻体现了总书记的"三农"情怀和对山东加快引领全国农业现代化发展再创佳绩的殷切厚望。

发端于福建南平的科技特派员制度，是由习近平总书记亲自总结提升的农村工作重大机制创新，是市场经济条件下的一项新的制度探索，是新时代深入推进科技特派员制度的根本遵循和行动指南，是创新驱动发展战略和乡村振兴战略的结合点，是改革科技体制、调动广大科技人员创新活力的重要举措，是推动科技工作和科技人员面向经济发展主战场的务实方法。多年来，这项制度始终遵循市场经济规律，强调双向选择，构建利益共同体，引导广大科技人员把论文写在大地上，把科研创新转化为实践成果。2019 年 10 月，习近平总书记对科技特派员制度推行20 周年专门作出重要批示，指出"创新是乡村全面振兴的重要支撑，要坚持把科技特派员制度作为科技创新人才服务乡村振兴的重要工作进一步抓实抓好。广大科技特派员要秉持初心，在科技助力脱贫攻坚和乡村振兴中不断作出新的更大的贡献"。

山东是一个农业大省，"三农"工作始终处于重要位置。一直以来，山东省把推行科技特派员制度作为助力脱贫攻坚和乡村振兴的重要抓手，坚持以服务"三农"为出发点和落脚点、以科技人才为主体、以科技成果为纽带，点亮农村发展的科技之光，架通农民增收致富的桥梁，延长农业产业链条，努力为农业插上科技的翅膀，取得了比较明显的成效。加快先进技术成果转化应用，为农村产业发展增添新"动力"。各级各部门积极搭建科技服务载体，通过政府选派、双向选择等方式，强化高等院校、科研院所和各类科技服务机构与农业农村的连接，实现了技术咨询即时化、技术指导专业化、服务基层常态化。自科技特派员制度推行以来，山东省累计选派科技特派员 2 万余名，培训农民 968.2 万人，累计引进推广新技术 2 872 项、新品种 2 583 个，推送各类技术信息 23 万多条，惠及农民 3亿多人次。广大科技特派员通过技术指导、科技培训、协办企业、建设基地等有效形式，把新技术、新品种、新模式等创新要素输送到农村基层，有效解决了农业科技"最后一公里"问题，推动了农民增收、农业增效和科技扶贫。

　　为进一步提升农业生产一线人员专业理论素养和生产实用技术水平，山东省科学技术厅、山东省农业科学院和山东农学会联合，组织长期活跃在农业生产一线的相关高层次专家编写了"新时代科技特派员赋能乡村振兴答疑系列"丛书。该丛书涵盖粮油作物、菌菜、林果、养殖、食品安全、农村环境、农业物联网等领域，内容全部来自各级科技特派员服务农业生产实践一线，集理论性和实用性为一体，对基层农业生产具有较强的指导性，是生产实际和科学理论结合比较紧密的实用性很强的致富手册，是培训农业生产一线技术人员和职业农民理想的技术教材。希望广大科技特派员再接再厉，继续发挥农业生产一线科技主力军的作用，为打造乡村振兴齐鲁样板提供"才智"支撑。

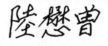

2020 年 3 月

前言 FOREWORD

党的十九大明确指出：当前我国农业农村基础差、底子薄、发展滞后的状况尚未得到根本改变，经济社会发展中最明显的短板仍然在"三农"，现代化建设中最薄弱的环节仍然是农业农村。其中一项突出问题就是农村基础设施建设仍然滞后，农村环境和生态问题比较突出，乡村发展整体水平亟待提升。

2018年2月，中共中央办公厅、国务院办公厅印发了《农村人居环境整治三年行动方案》，明确提出：改善农村人居环境，建设美丽宜居乡村，是实施乡村振兴战略的一项重要任务，事关全面建成小康社会，事关广大农民根本福祉，事关农村社会文明和谐。要推进农村人居环境整治，打好乡村振兴的第一仗。《农村人民环境整治三年行动方案》的印发，体现了党中央对农村人居环境整治工作的高度重视和高度的紧迫感。时隔一年，中共中央办公厅、国务院办公厅又转发了《中央农办、农业农村部、国家发改委关于深入学习浙江"千村示范、万村整治"工程经验扎实推进农村人居环境整治工作的报告》，再次彰显党中央对此项工作的持续关注和必胜决心。整治农村人居环境、建设美丽宜居乡村是全面建成小康社会必须迈出的关键一步，是实施乡村振兴战略的开篇之作，是必须打赢的第一场硬仗。

为了落实党中央、国务院关于实施乡村振兴战略的决策部署，为新时代下农业高质量发展提供强有力支撑，山东省科学技术厅联合山东省农业科学院和山东农学会，组织相关力量编写了"新时代科技特派员赋能乡村振兴答疑系列"丛书之《农村人居环境整治知识有问必答》。本书共分三章，内容包括中国乡村现状，人居环境整治与乡村振兴，关于农村人居环境的几个问题，农村人居环境所面临的痛点，乡村振兴背景下村民对人居环境的现实要求，乡村人居环境整治的实施、内外兼修、软硬兼施打造农村人居环境、共同参与、齐心协力维持美丽农村人居环境、多措并举、持续扮靓农村人居环境及农村人居环境整治案例等内容。全书内容的组织与安排体现了一定的基础性和系统性，以利于乡村工作者更好地理解和掌握农村人居环境整治的基本概念和方法，但同时也希望不要拘泥于书本，要随时了解最新的人居环境整治动态，做到思维和技术随时更新。

改善农村人居环境，提高老百姓生活质量，是党和国家对广大农民群众美好生活期盼的回应，是当前和今后一段时期"三农"领域的大事、要事、难事。农村人居环境整治，从某种层面上讲，是对我国广袤的农村地区实施环境改善和环境管理，是一项超大型民生工程，需要社会各界的广大群体携手共建。

编　者

2020 年 3 月

目录 CONTENTS

第三章　乡　建

第一章

乡 村

一、中国乡村现状

1. 中国乡村村居现状如何?

中国是以农业立国的农耕文明传承的国家，乡村也一直是受保护和被看重的，它是国家的根之所在。唐代诗人崔颢的《登黄鹤楼》，"日暮乡关何处是"那种发古思乡的情怀，让无数文人墨客产生了共鸣。现代的中国，经过几十年的城镇化建设，乡村早已发生翻天覆地的变化，人们的物质生活已经相当富足，但人们更加怀念旧时的故乡。

伴随着近几年新型城镇化的建设以及国家对"三农"工作的支持，中国农村人居环境得到了很大的提升。基础设施得到改善，相较几年前，乡村街道变得越来越干净，原来尘土飞扬的土坑路变成了水泥路，臭水沟和垃圾堆也一去不复返，取而代之的是垃圾集中处理，环卫一体化。改善了旱厕，脏乱差皆不见了踪影。某些村落根据自身条件发展乡村旅游，村民居住条件变好了，同时在家门口解决了就业问题。合村并居措施让一批乡村人充分享受到不亚于城市的配套资源，而且合村给农民提供了更多的选择。随着村镇的合并，未来村镇就业机会势必增加，这又为农民增加了就业机会。整体而言，农村合并是利大于弊。

但是，以一个乡村规划师的角度来看，一些乡村村居目前仍然存在一些严峻的问题。

(1) 空心村严重　农村留守老人、留守儿童、留守妇女在一些地方被称为"三留人员"，是我国的一个特殊群体。始于 20 世纪80 年代的农村劳动力城乡流动，为我国的社会经济发展作出了贡献。但是，城乡二元经济社会结构和与之相关的户籍制度，使得上亿农村务工人员只能"城乡两栖、往返流动",也因此产生了庞大的"三留人员"。

（2）教育问题 "知识改变命运"这句话，对于农村的孩子来说尤其不陌生，因为这是父母从小给灌输的思想，努力学习成了早日跳出"农门"的救命稻草。然而农村面临最大的问题也是教育问题，农村教育的改善，不是盖楼就能解决的，学生和教师的幸福感才是农村教育改革的核心。北京大学钱理群先生深入观察并参与到乡村教育的实践当中，认为乡村教育应该肩负三重使命，一是向高等学校输送人才，二是向城市建设输送有文化的劳动者，三是理所当然要肩负起培养农村建设和改造人才的重任。

但是乡村教育问题很多都是一环扣一环，需要因地制宜找出解决策略，比如，农村学校基础设施水平差，优秀师资力量大量流失，一部分家长外出打工扔下孩子，导致留守儿童成长路上缺乏倾诉对象从而产生心理健康问题等。扶贫必须扶智，乡村教育的最大使命就是培养本土人才，目前这是最"廉价"的方式，让乡村长大的孩子走出去，带回技术和力量来发展乡村。

（3）养老问题 笔者作为农村人，看惯了身边农村老人各种养老难的问题。老一辈的农村老人，一辈子守着一亩三分地过日子，就算有点节余，也都全部用在给孩子们盖房子和娶媳妇上了。他们没钱，也无能力给自己买养老保险。没有固定的工作，也就没有养老退休金。每年缴纳的几百元的新农合，报销的时候也存在一定的局限性，很多的疾病并不在医保范围。

或许大多数人会觉得农村养老应该靠儿女孝顺，毕竟"养儿防老"的想法在农村人的脑海里已经根深蒂固。可是，新一辈的农村人，虽然赶上了经济的发达，但也同时赶上了物价的飞涨。房贷、车贷、孩子高额的教育费用等各种社会压力也纷沓而至。面对养老问题，新一辈农村人可谓是焦虑重重。农村父母们不能像城市父母一样，享受退休金的补充，导致很多能力有限的子女，面对父母老去、小病吃药难、大病住院难的问题苦恼不堪。所以养老问题不能单靠儿女孝不孝顺来衡量。

（4）就业问题 在农村，农民的主要收入来源大部分就是打工。对于有一定农业产业基础的村落，靠种植一定的经济作物可以有一部分收入来源；但是对于毫无基础的村子来说，只能离家外出打工，这就造成了农民工生活和工作割裂的状态。这种状态让很多农民心里始终有什么时候能回到村子、再也不因为没有工作而被迫离开的想法。也有被逼无奈自己创业的，但到最后，基本上都惨淡收场。真的如愿以偿的可谓少之又少。

不过随着近几年国家乡村战略的实施，很多村子靠产业升级或者发展乡村旅游，实现了老百姓家门口就业，每年通过土地流转、宅基地入股形式或者打工，提高了收入。尤其是最近几年乡村快递行业的发展和伴随着直播的流行，很多村通过乡村直播、农村电商卖农产品。希望未来随着乡村战略的逐步推进，越来越多的青壮劳力可以留在村里，既能陪伴家人，也能具备一定的收入来源。

（5）"一把手"带头作用 很多乡村发展乡村旅游，旅游规划是前提，但是经营和管理才是盘活一个地区的关键。乡村干部在乡村建设中起到的作用举足轻重。例如，当下乡村旅游的成功典型，陕西省咸阳市礼泉县袁家村，在两代支部书记郭裕禄和郭占武的领导下，通过不断研究和创新，发展出了一整套独具特色的袁家村模

3

式。从原来全村仅有 62 户 286 人的小村子发展到目前有 400 多口人，村资产已经达到数亿元。通过发展关中民俗旅游，搭建全民创业平台，实现了农民和村集体共同致富。袁家村一直在被模仿的路上但却从未被超越，靠的正是这股坚持不懈的劲头和创新发展的思维，才真正实现百年袁家村。

（6）同质化严重　乡村建设平庸无味、千篇一律，造成了乡土特色的丧失，破坏了很多乡村原有的风貌。长期以来，规划后的乡村建设造成了人们的审美疲劳，人们无法从乡村中体味到乡情和乡愁，满足不了游客乡村旅游的需求。接下来从文化、景观、旅游产品、旅游类型、经营模式方面进行深入探讨。

① 文化。乡村如果没有深挖文化内涵，也就无法打造特色村居。每个项目看似有不同的文化背景，但是表现出来后都是大同小异，造成人们的审美疲劳。有些则是很生硬地往文化层面靠，通过单一的景观雕塑展现，表现形式单一、偏重于视觉体验而不是参与性与娱乐性，难以深入民心。

② 景观。最近几年走到哪都会看到一堆类似石碾、石槽这些传统农具的展示，美其名曰传统农耕文化展示。景观小品的打造和推敲上缺乏创新，乡土景观材料重复。北方村落建筑出现一大批徽派建筑，缺乏当地特色。水景设计人工痕迹太重，维护成本高于观赏价值。

③ 旅游产品。在旅游产品的开发上，大多数项目还都是以民俗小吃为主，小吃一条街在每个乡村旅游中都会出现，当然这是无可厚非地解决游人就餐的基本需求，但是在民俗小吃的选择上，都缺乏特色。通过调研发现，无论在哪个旅游项目都会出现类似的门店，如酸奶、烤串、豆腐、皮影、酒吧等，无论是装修形式还是体验的产品，打着特色的标签也都基本类似，游客感受不到当地的特色风味。

在游客体验的旅游产品中，很多都是农家乐和休闲采摘的形式，没能展现当地最具特色的东西，游客最多停留半天时间。很多乡村还为拉动经济修建了游乐场、庙会等吸引游客的目光，其实这在不同程度上破坏了乡村原有的风貌和特点，庙会即使本意是为了展现民俗，但都被一些品质参差不齐的商品和有限的经营管理水平拉低了档次。

④ 旅游类型。旅游类型以美丽乡村观光旅游为主，通过对旧村落的改造和重建，对落后产业的摒弃和转型，发展本地区的乡村旅游。

⑤ 经营模式。这些乡村景观旅游项目在经营模式上基本上都是采用"政府＋合作社（企业）＋农户"的模式，以政府为依托，企业为主导进行建设招商，号召全体村民参与。

2. 关于提升村居环境有什么建议？

人居环境与乡村居民生存活动密切相关，农村人居环境治理是政府解决民生、改善民生的重大举措。对于乡村，应当用景区的概念打造乡村，不能一扫而光；用综合的理念经营农业，通过旅游提高土地利用率，提升农产品的附加值；用人才的观点发动农民，使农民也成为文化传承者、共同致富人。

（1）多举措改善人居环境　提高农民的环保意识，鼓励其积极参与环境保护与治理，是改善乡村居住环境的基础。应当充分利用广播、电视、报刊、网络、宣传标语等方式广泛宣传和普及农村环境保护知识，提高农民的环保意识。

充分利用农村资源，实施农业生态工程，加快发展循环经济；改变农民生活方式，鼓励农民用电、用煤气，提高农村环境质量；在产业结构调整过程中，地方政府应严格控制污染企业准入，切实保护农村自然环境。

坚持因地制宜、技术可靠、经济适用的原则，对有条件的村庄修建排水管道或者排水沟，解决生活污水排放问题。加快村级污水集中处理池、沼气池等污水处理设施建设，配套完善的生活污水收集管网，有序推进生活污水处理设施建设。

（2）发掘地域文化符号　对当地的自然环境、历史遗迹、民俗风情要有深入的理解和认识，挖掘地域的文化特色，可以选择展现最适合体现地域文化的元素。将此应用到景观设计的形式、色彩、材料上，在游客体验的产品上将非物质文化与游客体验相结合，引导游客对当地非物质文化进行了解，并且可以对其更好地保护、传承和发扬。

景观设计的发展已不仅仅局限于营造舒适的环境，更多的是以人为本，关注参与者的感官体验和精神层面的享受，设计中以视觉、听觉、肤觉、嗅觉、味觉为主的设计已成为规划设计的参考因素。将具有地域特征的符号提炼出来，通过独具特色的材料、结构、形式等，将当地特有的地域特色表达出来。提高游客的参与度，将隐形文化感受上升到显性文化体验。

(3) 让乡村看得见"乡愁" "儿童相见不相识，笑问客从何处来。"乡愁是什么？乡愁是山前的那条小河；乡愁是曾经一块嬉笑打闹的小伙伴；乡愁是那间回不去的老屋子；乡愁是离家时的那条小路；乡愁是不管走到哪儿，到老都改不掉的乡音……

乡村旅游是让人们"记得住乡愁"的重要载体。"乡愁"是乡音、乡情、乡文、乡俗、乡景给人的一生留下的深刻印象。在乡村居住环境改善项目的规划中要尊重历史，尊重自然，尊重当地文化；在扩张和拆除的过程中保持一点理性，根据地域特色来建设美丽乡村；不再危及自然山水、历史文化遗产和乡愁记忆，使"记得住乡愁"真正落到实处。

"看得见山，望得见水，记得住乡愁"这是"城里人"和"村里人"共同的生活愿景，也是新型城镇化建设的目标所在。

二、人居环境整治与乡村振兴

3. 《农村人居环境整治三年行动方案》提出了什么内容？

整治农村人居环境是推动乡村振兴的"支撑点"，是改善党群干群关系的"黏合剂"，是检验干部能力作风的"试金石"，是构建新型城乡关系的"催化剂"。要切实增强时代感、责任感、紧迫感，充分发挥党委领导作用、政府主导作用、农民群众主体作用、基层党组织战斗堡垒作用、党员先锋模范作用和社会各方力量，共同建设美丽乡村，谱写乡村振兴的崭新篇章。

2018年2月，中共中央办公厅、国务院办公厅印发了《农村人居环境整治三年行动方案》。

统筹城乡发展，统筹生产生活生态，以建设美丽宜居村庄为导向，以农村垃圾、污水治理和村容村貌提升为主攻方向，动员各方力量，整合各种资源，强化各项举措，加快补齐农村人居环境突出短板，为如期实现全面建成小康社会的目标打下坚实基础。

（1）基本原则

① 因地制宜、分类指导。根据地理、民俗、经济水平和农民期盼，科学确定本地区整治目标任务，既尽力而为又量力而行，集中力量解决突出问题，做到干净整洁有序。有条件的地区可进一步提升人居环境质量，条件不具备的地区可按照实施乡村振兴战略的总体部署持续推进，不搞"一刀切"。确定实施易地搬迁的村庄、拟调整的空心村等可不列入整治范围。

② 示范先行、有序推进。学习借鉴浙江等先行地区经验，坚持先易后难、先点后面，通过试点示范不断探索、不断积累经验，带动整体提升。加强规划引导，合理安排整治任务和建设时序，采用适合本地实际的工作路径和技术模式，防止一哄而上和生搬硬套，杜绝形象工程、政绩工程。

③ 注重保护、留住乡愁。统筹兼顾农村田园风貌保护和环境整治，注重乡土味道，强化地域文化元素符号，综合提升田、水、路、林村风貌，慎砍树、禁挖山、不填湖、少拆房，保护乡情美景，促进人与自然和谐共生、村庄形态与自然环境相得益彰。

④ 村民主体、激发动力。尊重村民意愿，根据村民需求合理确定整治顺序和标准。建立政府、村集体、村民等各方共谋、共建、共管、共评、共享机制，动员村民投身美丽家园建设，保障村民决策权、参与权、监督权。发挥村规民约作用，强化村民环境卫生意识，提升村民参与人居环境整治的自觉性、积极性、主动性。

⑤ 建管并重、长效运行。坚持先建机制、后建工程，合理确定投融资模式和运行管护方式，推进投融资体制机制和建设管护机制创新，探索规模化、专业化、社会化运营机制，确保各类设施建成并长期稳定运行。

⑥ 落实责任、形成合力。强化地方党委和政府责任，明确省负总责、县抓落实，切实加强统筹协调，加大地方投入力度，强化监督考核机制，建立上下联动、部门协作、高效有力的工作推进机制。

（2）重点任务

① 推进农村生活垃圾治理。统筹考虑生活垃圾和农业生产废弃物利用、处理，建立健全符合农村实际、方式多样的生活垃圾收运处置体系。有条件的地区要推行适合农村特点的垃圾就地分类和资源化利用方式。开展非正规垃圾堆放点排查整治，重点整治垃圾山、垃圾围村、垃圾围坝、工业污染"上山下乡"。

② 开展厕所粪污治理。合理选择改厕模式，推进厕所革命。东部地区、中西部城市近郊区以及其他环境容量较小地区村庄，加快推进户用卫生厕所建设和改造，同步实施厕所粪污治理。其他地区要按照群众接受、经济适用、维护方便、不污染公共水体的要求，普及不同水平的卫生厕所。引导农村新建住房配套建设无害化卫生厕所，人口规模较大村庄配套建设公共厕所。加强改厕与农村生活污水治理的有效衔接。鼓励各地结合实际，将厕所粪污、畜禽

养殖废弃物一并处理并资源化利用。

③ 梯次推进农村生活污水治理。根据农村不同区位条件、村庄人口聚集程度、污水产生规模，因地制宜采用污染治理与资源利用相结合、工程措施与生态措施相结合、集中与分散相结合的建设模式和处理工艺。推动城镇污水管网向周边村庄延伸覆盖。积极推广低成本、低能耗、易维护、高效率的污水处理技术，鼓励采用生态处理工艺。加强生活污水源头减量和尾水回收利用。以房前、屋后、河塘、沟渠为重点实施清淤疏浚，采取综合措施恢复水生态，逐步消除农村黑臭水体。将农村水环境治理纳入河长制、湖长制管理。

④ 提升村容村貌。加快推进通村道路、入户道路建设，基本解决村内道路泥泞、村民出行不便等问题。充分利用本地资源，因地制宜选择路面材料。整治公共空间和庭院环境，消除私搭乱建、乱堆乱放。大力提升农村建筑风貌，突出乡土特色和地域民族特点。加大传统村落民居和历史文化名村、名镇保护力度，弘扬传统农耕文化，提升田园风光品质。推进村庄绿化，充分利用闲置土地组织开展植树造林、湿地恢复等活动，建设绿色生态村庄。完善村庄公共照明设施。深入开展城乡环境卫生整洁行动，推进卫生县城、卫生乡镇等卫生创建工作。

⑤ 加强村庄规划管理。全面完成县域乡村建设规划编制或修编，与县乡土地利用总体规划、土地整治规划、村土地利用规划、农村社区建设规划等充分衔接，鼓励推行多规合一。推进实用性村庄规划编制实施，做到农房建设有规划管理、行政村有村庄整治安排、生产生活空间合理分离，优化村庄功能布局，实现村庄规划管理基本覆盖。推行政府组织领导、村委会发挥主体作用、技术单位指导的村庄规划编制机制。村庄规划的主要内容应纳入村规民约。加强乡村建设规划许可管理，建立健全违法用地和建设查处机制。

⑥ 完善建设和管护机制。明确地方党委和政府以及有关部门、运行管理单位责任，基本建立有制度、有标准、有队伍、有经费、

有督查的村庄人居环境管护长效机制。鼓励专业化、市场化建设和运行管护，有条件的地区推行城乡垃圾污水处理统一规划、统一建设、统一运行、统一管理。推行环境治理依效付费制度，健全服务绩效评价考核机制。鼓励有条件的地区探索建立垃圾污水处理农户付费制度，完善财政补贴和农户付费合理分担机制。支持村级组织和农村"工匠"带头人等承接村内环境整治、村内道路、植树造林等小型涉农工程项目。组织开展专业化培训，把当地村民培养成为村内公益性基础设施运行维护的重要力量。简化农村人居环境整治建设项目的审批和招投标程序，降低建设成本，确保工程质量。

4. 农村人居环境该如何整治?

2018年，全国"两会"期间，习近平总书记参加山东代表团审议时指出，要推动乡村生态振兴，坚持绿色发展，加强农村突出环境问题综合治理……完善农村生活设施，打造农民安居乐业的美丽家园，让良好生态成为乡村振兴支撑点，进一步明确了整治农村人居环境的战略定位、重大意义和实施路径。实施好整治农村人居环境这一系统工程、惠民工程，必须在整体把握、统筹推进上下功夫。

(1) 统有章法、分有活力　首先，要统一思想认识，解决好个别地区站位不高、重视不够、力度不大、办法不多等问题，以建设美丽宜居村庄为导向，以农村垃圾处理、污水治理和村容村貌提升为主攻方向，做好打整体战、攻坚战的充分准备；其次，要统筹政策资源，既防止平均用力，又防止各行其是重复投入，切实将美丽乡村建设、基础设施建设、脱贫攻坚、农村危房改造等相关政策有机结合；最后，要统筹发展规划，推动县域乡村建设规划、土地利用总体规划、生态环境建设规划、产业发展规划等相互衔接，逐步实行多规合一，生动体现时代特征、乡村特色、人文特质。不断优化乡村发展的空间布局和要素配置，提升基层政府的统筹水平和治理能力。

要坚持分类指导，防止千村一面。要针对不同地区和不同村庄的发展水平、自然风貌、人文特点，明确建设重点和建设模式，做到先急后缓、先易后难、有力有序、有声有色、有质有量；要坚持分工负责，在省级政府抓统筹、明导向、定政策的基础上，市级政府抓配套、抓规范、抓调度，县级政府履行主体责任，当好主攻手，形成上下联动、同向发力的生动局面；要坚持分线作战，选择不同类型的村庄分线研究、整治，鼓励基层探索、创新，力求以我为主、博采众长、融合提炼、自成一家，用心打造一批特色村、示范点，形成可复制、可推广的经验。

（2）亮点引领、重点突破、难点攻坚　亮点引领，就是要发挥典型示范作用，把握全域建设一盘棋的统筹安排、一张蓝图画到底的工作接力、从示范美到大家美再到内涵美的发展历程。结合实际情况消化吸收，因地制宜打造美丽村庄、美丽庭院、美丽田园。

重点突破，就是要狠抓农村生活垃圾治理，集中力量、不留死角地开展垃圾清运工作，抓好垃圾分类、收集、转运和终端处理，让脏乱差的面貌得以迅速改观。要不断培养农民群众的良好文明习惯，进一步激发其对美好生活的向往，坚定其建设美丽家园的信心。

难点攻坚，就是要大力弘扬绿水青山就是金山银山的理念，教育和引导农民群众慎砍树、禁挖山、不填湖、少拆房，切实加强生态建设。特别要把村庄水系治理和生活污水治理、农村厕所革命结合起来，把控污与治污统筹起来，分类确定技术路线和治理模式，全面推行"河长制""溪长制"管理模式，着力消灭黑臭水体，恢复水生态环境。山体绿起来，水系活起来，环境美起来，村庄才能灵动而富有生气。

（3）以点带面、串点成线、连线成片　强化工作的系统性、整体性、协同性。整体考量农村人居环境整治的空间安排、功能布局、施工步骤，集成推进区域路网、管网、林网、水网、垃圾处理网、污水处理网建设，全面推动农村人居环境焕然一新。

（4）产业发展和村庄建设形神兼备　让产业发展形神兼备。要结合村情认真审视自身的资源禀赋，突出特色、重视发挥自身的比

11

较优势，提升品位、保护利用好乡土风情和自然风貌，进一步找准村庄特色和市场需求的共振点，从农业内外、城乡两头共同发力，运用好"互联网＋"模式，构建和延伸农业接二连三的产业链和价值链。打造绿色食品、都市休闲、农事体验、开心农场、特色民宿等新兴业态，打好特色牌、生态牌、质量牌、乡情牌、乡愁牌，推出一批叫得响、推得开的乡村特色品牌。

让村庄建设形神兼备。加强群众性精神文明创建，认真梳理文脉资源，征集文化符号，打造文化地标，加快培育文明乡风、良好家风、淳朴民风。加大对古村落、历史文化名村名镇和非物质文化遗产的保护利用，着力提升农村建筑风貌，彰显乡村特色和风土人情，让古韵幽香的诗意田园和乡愁绵延的特色村落浑然一体，让乡愁有守望之地，让文脉有寻根之处，让社会主义核心价值观有传神之笔。

第二章 乡 居

一、关于农村人居环境的几个问题

5. 农村人居环境的内涵与构成是什么?

农村人居环境一般是指以乡村居民聚集点为中心,能够满足乡村居民生产生活的自然与社会、物质与非物质环境构成的有机生态系统。农村人居环境是乡村居民赖以生存的空间区域,是乡村居民对自然进行改造的空间和场所。

需要注意的是农村人居环境本身并不仅仅是一个空间区域,而是一个复杂而庞大的有机系统。它既是以村落为主要形式的形体,也是乡村居民生产和生活的活动过程(比如文化、劳动和生活条件、生态环境、娱乐活动等),以及维持这些活动过程的必要工作。

农村人居环境的构成十分复杂,但是必定要包含五个构成要素:自然系统、人、社会、居住系统、支撑系统。

(1) 自然系统 又称为天然系统,是由自然力而非人力所形成的系统。在人居环境中,自然系统处于基础的地位。不管是城市人居环境还是农村人居环境,其作为人类生产和生活的空间系统,都必须要依托于自然系统,必须以自然界产生的材料和能源来建设和运作,一切人居环境都无法脱离自然系统这个基础而存在。

(2) 人 即指在人居环境中生产和生活的居民。人居环境是因为人类的需要而产生的,因此,人居环境的构建就必须要围绕人的需要来建设。但是我们也要注意到,人与人的需要是不同的,城市居民与农村居民的需要是不同的。所以,要研究农村人居环境就要先研究农村居民的需要。

(3) 社会 强调的是"人与人的关系",是人与人共处的环境。农村人居环境在空间上、物质上要符合乡村居民社会关系的特点,要促进整个乡村社会系统的和谐与幸福。

（4）居住系统 主要指居民住宅、村落设施、中心建筑等。居住系统本身既要为居民的生活提供更好的条件和便利，同时也要有一定的艺术特征以满足居民的审美需要。

（5）支撑系统 主要是指为居民活动提供支持，将聚落联系为一个紧密整体的所有联系系统的总称。它既包括技术支持系统，也包括行政、经济、教育等运行系统，是整个人居环境的维持者。

这五大构成要素既相互独立又紧密联系，共同构成了一个有机的人居环境系统。"人"是其核心，人居环境就是为满足居民而建立的；大自然是基础，人居环境的一切都要依托它来运行。在进行农村人居环境的改善与建设时，要充分考虑到这五个方面，但是又绝对不能将它们割裂开来。

6. 农村人居环境整治的背景如何？

农村问题是全面建成小康社会的重要一环，党中央、国务院高度重视改善农村人居环境工作，党的十九大明确要求开展农村人居环境整治行动。习近平总书记强调：农村环境整治这个事，不管是发达地区还是欠发达地区，标准可以有高有低，但最起码要给农民一个干净整洁的生活环境；要实施好《农村人居环境整治三年行动方案》，明确目标，落实责任，作为实施乡村振兴战略的阶段性成果。李克强总理指出：改善农村人居环境承载了亿万农民的新期待，要从实际出发，统筹规划，因地制宜，量力而行。可见农村人居环境整治工作，是以习近平同志为核心的党中央从战略和全局高度作出的一项重大决策，是实施乡村振兴战略的第一场硬仗，是改善人民生活、全面建成小康社会不可或缺的一环。

2018年2月，国家印发《农村人居环境整治三年行动方案》，体现了党中央对此项工作的高度重视和高度的紧迫感。时隔一年，中共中央办公厅、国务院办公厅又转发了《中央农办、农业农村部、国家发改委关于深入学习浙江"千村示范、万村整治"工程经验扎实推进农村人居环境整治工作的报告》，再次彰显党中央对此项工作的持续关注和必胜决心。整治农村人居环境，建设美丽宜居乡村是全面建成小康社会必须迈出的关键一步，是实施乡村振兴战略的开篇之作，是必须打赢的第一场硬仗。

7. 农村人居环境整治的意义和时代价值是什么？

乡村与城镇是相辅相成、相互促进的整体，两者共同形成了居民活动的主要空间。相对于欧美国家，我国自身的特点特色是幅员辽阔，乡村众多，农民占据了全国人口的大部分。因此，乡村不振兴则中华民族的伟大复兴难以实现，全面建成小康社会的战略无法实现，我国人民日益增长的美好生活需要和不平衡不充分的发展之间的矛盾也难以解决。而乡村振兴最大的难题是农村环境问题，也是乡村振兴的首要问题。因此，党中央将乡村人居环境整治问题提升到战略地位。

由此可见，农村人居环境整治迫在眉睫，意义重大：

首先，农村人居环境整治体现了党中央全面建成小康社会，提高人民生活水平的坚定决心。

第二，农村环境落后、难以改善是提升乡村居民生活水平的最大障碍，解决了这个障碍就打赢了乡村振兴的第一场硬仗。

第三，改善农村人居环境是构建社会主义核心价值观的条件之一。优美的农村人居环境是农村社会和谐、富强的必要条件，是社会公平的良好体现。因此，农村人居环境必须加以整治。

第四，良好的农村人居环境是构建中国特色社会主义文化，坚定文化自信，推动社会主义文化繁荣兴盛的必要工作。没有良好的生活条件和居住环境，文化的发展也必定受到阻碍，中华民族的文化复兴必定会延缓，所以农村人居环境整治的意义重大。

二、农村人居环境所面临的痛点

8. 农村人居环境整治所面临的形势是什么？

当前，我国社会主要矛盾已经转化为人民日益增长的美好生活需要和不平衡不充分的发展之间的矛盾。而在中国农村地区，这一主要矛盾的突出体现就是农村地区落后的人居环境越来越难以满足经济条件日益繁荣下的农村居民对美好生活的需要。农村人居环境存在的问题日益尖锐，这些亟待解决的问题突出表现在以下各方面。

(1) 村居规划散落，不能高效利用土地资源　虽然新农村建设早已开始且卓有成效，但是全国大多数农村仍然是以村民散居的形式存在。单户占地多、宅基地大量闲置、废弃庭院空置等现象普遍存在，浪费了大量的耕地和土地资源。

(2) 公共基础设施落后，难以满足居民生活需求　随着信息化的发展，农村居民的思想也得以不断提升，城乡居民在思维观念上的差距越来越小，生活追求日渐趋同。但是乡村地区公共基础设施不完善的现状却制约着乡村居民的追求。有体育、文艺、娱乐设施落后，超市、快递、餐饮等配套稀缺，网络、数字电视等覆盖不全面、速度慢等多种问题存在。

(3) 生活垃圾和污水处理系统缺乏，造成环境污染严重　乡村地区普遍存在着生活污水随地排放、生活垃圾随地堆积的现象，污水横流、垃圾遍地的情境不仅严重污染环境，同样也给居民的生活造成了不便和不舒适感。造成这种现象的原因一方面是乡村居民环境保护观念比较落后，不懂得如何处理生活垃圾；另一方面是乡村地区缺少污水排放和处理系统，缺乏垃圾回收和处理系统，造成了乡村地区生活环境脏乱差的局面。

(4) 村落布局规划不合理，民居条件落后　我国大多数村落并没有任何的规划或者设计，基本是自发形成的，这就造成了村落整体布局的不合理。这种不合理是全方位的，如道路不规则、建筑布局缺乏科学性造成土地浪费、公共设施排布随意性强、绿化散乱不美观等。而除了整体上缺乏规划，乡村民居也是缺乏设计、条件落后的，如取暖设施不先进、燃煤取暖污染严重且不安全、缺乏天然气和自来水、空间利用率低、缺乏完善的厨卫设施等。这些都制约着乡村居民的生活改善和对美好生活的追求，是迫切需要解决的问题。

9. 农村人居环境整治存在哪些问题?

（1）村民不配合，环保意识薄弱　有好多村民意识不到环境的问题，座谈时向村民问道："不觉得村庄里脏乱差吗?"一些村民答："我们农村就是这样的。"一些村民整体的环保意识比较淡薄。

（2）专项资金不足　建设美丽乡村，首先是资金问题，要让村民自己拿钱建设，可能性较小，尤其是经济条件比较落后的村庄，自身无力承担农村人居环境整治的支出。环境整治主要依靠政府财政资金，整治资金不到位，乡村环境很难整治到位。

（3）整治好之后难以维系　有些村庄建成之后环境优美，但往往后期维护不足。村民有懒惰心理，垃圾桶的布局不合理导致持续性不强，坚持不久便又恢复了原样。修建好的基础设施，使用时不多加保护，不久就又出现损坏等现象突出。

10. 农村人居环境整治存在的问题如何破解?

根据村庄实际情况、村民的实际需求进行整治，环卫设施、活动场所布局合理，让村民切实感受到村庄环境整治之后带来的便利，而不是简单的刷墙，是要从根本上让村民感受到变化，自觉去维护整治好的乡村环境。

(1) 做人居环境整治的倡导者　努力宣传人居环境整治的重要意义，积极参加镇、村组织的各种人居环境整治活动，主动为人居环境整治献计献策。

(2) 做人居环境整治的践行者　自觉清理房前屋后生产生活垃圾与排水沟渠，积极落实"门前三包"，对生活杂物、柴草、农机具、建材等进行整理，做到摆放整齐，堆放有序。积极配合拆除农村"违建房、危险房、空心房、零散房"，自行对破旧裸露墙体进行修缮、粉饰，拆除影响美观的牛栏、猪圈、鸡舍，对畜禽进行圈养，不乱排人畜粪污。坚持"一户一宅"、建新拆旧、先批后建、按图建房，不乱搭乱建。爱护环卫保洁设施，自觉将垃圾分类投放，按时足额缴纳卫生费。

(3) 做人居环境整治的监督者　弘扬时代新风，参与社会监督，主动劝阻和制止损害公共环境的行为，积极举报脏乱差问题。从身边小事做起，以自己的模范行为带动身边的人。

三、乡村振兴背景下村民对人居环境的现实要求

农村人居环境的优劣影响着每一个乡村人，这是村民天天生活生产的地方，有的人祖祖辈辈都生长生活在这个地方，他们亲眼看见了乡村的变迁，乡村环境的改善。乡村振兴战略的提出，对于进一步改善农村人居环境作出了明确指示。

《农村人居环境整治三年行动方案》明确提出：改善农村人居环境，建设美丽宜居乡村，是实施乡村振兴战略的一项重要任务，事关全面建成小康社会，事关广大农民根本福祉，事关农村社会文明和谐。要推进农村人居环境整治，打好乡村振兴的第一仗。

中国有名的环境学家曾做过一个调查，最适宜人居的环境指标，温度 20～26 ℃，湿度 40％～60％，声音 35～45 分贝，空气成分 78％氮气、21％氧气。

据调研，农村人居环境自整治以来，变化最大的方面如下。

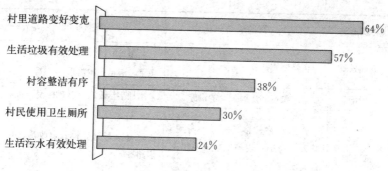

农村人居环境整治的变化

11. 村民对于村居有哪些要求?

村居是村民日常生活的主要场所,事关村民的居住舒适程度。现阶段,很多农村还存在过多的危房、老旧房屋未经改造,对村民的生活造成极大的影响,给村民的生活带来不便。

笔者经过多个乡村进行实地走访调研发现,村民对于村居的要求如下表所述。

村民对于村居的要求

村民要求	目前缺点	改善建议
房屋外形	部分房屋外形老旧,和村庄大环境不匹配,影响村容村貌	这类房屋的拥有者多数为经济条件较差的村民,可积极为他们提供挣钱渠道,帮助其致富;还要改善村居条件
房屋结构	大部分是砖混结构,外层涂水泥,经年失修导致外墙出现裂缝	前期做好结构设计,施工请专业施工队,确保村民房屋质量
内部装饰	内部装饰较为简单	以村民舒适整洁的装修风格为主,配置常用生活家具、家电
庭院面积	庭院面积大小不一	经过统一规划后的庭院面积一致,村民之间不存在纠纷

（续）

村民要求	目前缺点	改善建议
庭院景观	全是硬质铺装	前屋后院的形式，可种植果树、蔬菜，满足基本需求
房屋配套	基本没有和房屋配套的设施	增加生活配套、基础配套设施
房屋外部环境	外部土路较多，雨天一身泥，晴天一身土，胡同狭窄，堆积家畜粪便	改善家畜饲养模式，改造村庄道路等

村民对于村居的要求相对简单，村落通常是用来居住、储藏农用设施和杂物、停放车辆，有条件的院落还可以种植果蔬来满足饮食需求，所以应依据村民的生活习惯和基本需求，再融合当地特色进行建设。

当前，北方很多村庄在进行美丽乡村建设时，盲目照搬江南民居形式，粉墙黛瓦，严重缺乏当地特色。对于居民来说不具有基本意义，没有从根本上解决村民的居住问题，只是面子工程。

村居形式也要根据村庄的主导产业进行设计，比如潍坊杨家埠村，大多数村民以制作风筝和年画为主，所以村居形式一般是前店后厂的形式。大部分乡村还是以农作为主，所以需要具备储藏各种农业设施、机具以及车辆的地方。其次在配套方面，日常生活所需要的配套设施要考虑齐全。

12. 村民对于村居环境的整体要求是什么？

改善农村人居环境，提升村民幸福感，村民对于村居环境的整体要求是"环境净化、村庄绿化、村容美化、路面硬化"。村民对于农村人居环境的满意程度包含对居住条件、基础设施、公共服务、自然生态等整体内容的感知程度。

村民对于村居环境认为缺乏的方面主要是教育资源严重匮乏、

缺少活动场所、河塘污染、垃圾遍地、绿化面积小等。根据笔者实地调研总结，大多数村民对于房屋及居住环境的改善意愿主要集中在内部装修，其次是宅院铺装绿化、宅院外绿化和改建、扩建房屋，对于只是简单的粉刷外墙并不认可。

多数村民对于村庄内的活动场所需求强烈，要求可多建设几处；对于村庄内现状臭水沟的改造治理意愿迫切，不想再忍受一到夏天就蚊蝇满天飞的景象，意愿为把河塘治理成为生态河塘，增加村庄的景观形象。

对于集中整改旱厕的政策村民表示十分欢迎，这是切身利民的途径之一；对于村庄内放置多处垃圾桶、村民要严格按照要求将垃圾放入垃圾桶中，在推行初级阶段，很多村民熟视无睹，经过村规民约的约束之后，村民意识到村庄环境的确要改变，因此，也开始自觉地执行。村庄的整体环境提升了，村民的幸福感增强了，为实现乡村振兴打下了坚实的基础。

四、农村人居环境整治的实施

13. 农村民居怎样设计与改造？

党的十九大明确指出：当前我国农业农村基础差、底子薄、发展滞后的状况尚未得到根本改变，经济社会发展中最明显的短板仍然在"三农"，现代化建设中最薄弱的环节仍然是农业农村。其中一项突出问题就是农村基础设施建设仍然滞后，农村环境和生态问题比较突出，乡村发展整体水平亟待提升。农村基础设施的薄弱不仅涉及农村公共设施，更涉及乡村民居的优化；农村环境和生态问题不仅要考虑乡村的整体环境规划，更应该考虑到村民个人民居的改善。所以，在乡村改造当中乡居的建设是重中之重。

党中央对农村的基础设施建设是很重视的，在2005年10月8日，中国共产党十六届五中全会通过《十一五规划纲要建议》，提出要按照"生产发展、生活宽裕、乡风文明、村容整洁、管理民主"的要求，扎实推进社会主义新农村建设。其中明确提到：切实加强农村基础设施建设，切实加强农村各项事业的全面发展，夯实新农村建设的物质基础。关系农民切身利益的基础设施建设和社会事业的发展严重滞后，是农村发展中最薄弱的环节，也是农民反映最强烈的问题，一定要逐项加以解决。要搞好村庄规划和治理，改善农村人居环境。

习近平总书记在党的十九大报告中也明确提出实施乡村振兴战略，他指出要改善农村环境条件，让农民生活幸福安康。其中重要的一环就是大力改善农村基础设施。聚焦农民美好生活新期待，开展农村人居环境整治行动，推进农村道路、厕所、供暖、供电、学校、住房、饮水"七改"工程。

近几年，我国农村的升级改造可以说是轰轰烈烈，其中乡村民居的改造也是卓有成效的。乡村民居的现代化程度越来越高，越来越多的民居有了独立厨房、独立厕所、浴室等。

我国乡村民居的发展不断走向正轨，发展速度也越来越快，广大农民普遍受益。但是由于我国乡村发展底子薄、起步晚，所以在当前的发展和改造过程当中仍然存在一些误区或者弯路，落到民居方面总结出以下问题。

（1）许多地方为追求进度，采取拆除重建模式，忽视了民居原有的地区特色和传统　我国地域广阔，民族众多，而这些不同的地域文化，不同的民族文化也造就了各具特色的民居文化：四合院、瓦房、窑洞、竹楼、吊脚楼等，这些极具特色的民居建筑都是我国传统文化的见证和传承，值得保留和进一步发展。但是现阶段农村改造存在着一种拆除重建模式，这样确实能够提高改造的速度，但无疑造成了传统文化割断以及大量的资源浪费，无数极具特色的传统建筑消失。

农村的发展，绝不仅仅是物质环境的发展，而是全面的发展，必须走可持续发展的道路，其中文化的不断发展和进步是必不可少的。因此，在农村发展的过程中必须杜绝为完成任务、追求进度而一味地拆除重建的现象，而要做到物质环境和文化环境的共同发展。乡村民居的改造绝不应该为了追求现代化和科技化而抛弃传统特色，而是在保留传统的基础之上使农民的生活现代化、便利化。所以，针对不同地区的地域特色，在进行设计时就要重视地域特色以及传统习俗，以实现传统文化的传承和再生，与此同时，又可以增强设计内涵。

（2）在乡村民居的设计和改造过程中，部分人以城市建筑的设计思路套用到乡村民居的设计和建设当中　随着农村经济的不断发展，为了追求更好地生活条件，许多地区在农村建设和改造过程中，缺乏合理的规划和设计，直接效仿城市的规划和设计，向城市看齐，最终造成的结果是其形也相似，其神也相迥。虽然设计和建造模仿了城市，但是在实际生活当中却并不能真正适用于农村的环境。

在当前的中国，城市与乡村差异和差距仍然比较大，这种差异不仅是经济方面，也包括文化、原有建筑基础、环境格局等各个方面。这也就启示我们，在乡村的改造过程中，不能简单地将以往设

23

计城市的思路来套用到乡村的改造和建设当中。在民居的设计和改造过程中要做到有针对性，根据当地农村的现有基础进行优化设计思路。比如，某些村庄存在部分传统的建筑，这些建筑是否有保存的价值？如何保存和改造？这些问题都应该邀请专业人士加以评定以后，在专业人士建议的基础上进行整体的设计和改造，而不应该是由领导简单地拍板决定。

(3) 对乡村民居的规划采取"一刀切、一锅煮"的方式进行，而不能做到具体情况具体对待　何谓"一刀切、一锅煮"就是指的某些地区在乡村设计和改造过程中，对所有的村落采取统一规划、统一制式、统一标准，甚至民居内部设施配备都统一化。确实，统一的规划和标准有利于整体的管理和建设，推动了乡村振兴的速度，减少了上级管理的任务量，但是这种做法是有缺陷和不足的。

以某乡镇为例，在 2000 年左右，在镇政府领导的帮助下，该乡镇兴起奶牛养殖业，大批农民通过奶牛养殖脱贫致富。由于当时许多村落大部分村民都养殖了奶牛，因此，部分村落在进行民居规划时统一要求所有民居大小、长度必须一致，每户隔出一段 6 米长区域建设奶牛棚便于养殖。而一些其他村庄也直接照搬。但是由于部分村庄奶牛养殖率并不高，这种规划方式反而造成了居民生活的不变和宅基地的浪费。之后，由于"三聚氰胺事件"的冲击，该地区奶牛养殖业衰落，又兴起了经济作物种植，但是以往的民居形式保留了下来，而这种原有的设计却并不能适应新兴的产业。

由此可以反思到：在民居的规划和设计当中，不同的区域、不同的村落要实际情况实际对待，有的村落以工业为主，有的以农业为主，还有的以养殖业、旅游业等为主；而不同的地区其地域环境和优势领域也不一样，有山地、有丘陵、有平原，有的地区发达，有的地区落后。针对这些不同的情况和特点，民居的改造也必须有各自的特点和针对性，决不能搞"一刀切、一锅煮"。

(4) 部分地区不考虑农民经济基础，给农民造成了一定的经济负担　很多地区农村在建设和改造过程中，由于将工程直接外包等原因，造成了不考虑村民之间存在经济差异而是对所有村民实施统一标准的现象，许多设备设施不仅没有用处，反而造成了农民的经济负担，甚至有的地区要求村民补交新房的差价。笔者在调研过程中曾经采访到一个村，发现该村在新农村建设过程中，由于该村在规划和建设时，未能根据自身实际情况出发，造成实际投入远高于上级划拨的资金，于是村委会要求村民补交差价十余万元，部分村民甚至因此背上债务。在访谈过程中有村民直言："新房子我们住进去了，但是反而过得更辛苦。这种做法不是在帮我们，而是在坑我们。国家有好政策，可有些人没用好。"

以上这些问题都是在以往的农村建设和改造过程中所发现的问题，可以清晰地看出发展不代表抛弃传统文化和风俗，更不代表着完全用钢筋水泥代替原有的格局和环境，而是要在原有的基础之上，取其精华，去其糟粕，使之焕发新的生机。那么在乡村发展过程当中，要如何去更好地避免问题的出现，促进农村可持续的发展呢？应当做到以下几点。

① 传统与现代化相结合。中华民族历史悠久，有着首屈一指的深厚底蕴与丰富多彩的文化传统，而民俗文化又是传统文化的良好体现。在中国，各地区都有自己各自不同而又特色鲜明的民俗文化，民居建筑又是民俗文化的重要体现。在进行乡居设计与改造时，必须考虑到的一点就是在保留该地区民居特色特点，体现传统文化的基础之上对民居加以重新设计和改造。

这是一个十分复杂的问题，因为我国的文化本身就是极其丰富的，所以要全面理清这个问题很难。应重视民俗文化和民族建筑的传承和保留。华夏先祖们的历史形成了不同民族的不同建筑风格，这些不同的建筑风格都是根据地区的特点和气候发展而来的，是几千年智慧的结晶。其形制既有科学的道理也有传统文化的神韵，因此，不同地区的民居设计和建设首先应当考虑民俗和民族的传承。

还应重视原有建筑的利用和重建。许多乡村地区，由于发展较为缓慢，反而原生态地保留了一部分古老的建筑，这些建筑是地区文化和特色的体现。它们当中有一些还极具价值、有一些很有价值但是已经破损严重，有一些可能价值不是特别高。在乡村民居的设计和规划当中就必须充分考虑如何去利用这些原有的建筑，这样既可以保存文化传统，又可以一定程度节省开支。

② 生态与科技相结合。习近平总书记曾经指出："绿水青山就是金山银山。"可见农村的生态环境就是农民的宝贵财富。当前的民居设计存在着一个普遍的问题，即形式统一、排列紧密、弃旧求新。这就会导致农民民居原有生态环境遭到了影响和破坏，以前的院落没有了，家里的花草树木没有了，鸡鸣狗吠也越来越少。因此，在未来的民居设计当中，不仅仅要考虑到运用科技提升居民生活水平，也要在这个的基础之上保护好民居的生态环境，决不能将一个个充满生机的院子变成一个个铁笼子、水泥房。

③ 环保与实用相结合。以前的民居，由于受限于经济基础和条件，往往会有诸多的不便利，而在当前的民居改造当中，又往往容易只顾及民居的便利性而忽视了环保。那么应当如何在保证便利性的同时实现环保呢？这就要运用好农村中的各种资源，变废为宝。比如，村中的粪便不能直接排到野外，而是建成沼气池；借助乡村民居房顶面积大的优势，有效利用太阳能为村民提供便利；运用立体绿化技术，将院墙和房壁实现绿化，优化环境等。

当然，在实际操作中虽然有很多可借鉴的理论或者经验，但是必须要做到根据自身情况灵活地加以分析和判断，进而做出合理的规划，而不是套用理论，套用模板。

14. 村落景观规划与乡村文化的特点是什么？有什么策略？

对乡村进行景观规划设计，不仅可以美化环境，提升村容村貌，还可以融入当地乡村文化。让年轻人了解乡村的民俗文化。大多数年轻人对于村庄民俗知之甚少，多数非遗物质消失殆尽，需要年轻人的传承。这些都能在乡村景观设计中以节点的形式展现，让村民寓教于乐。

规划设计一个好的乡村环境有助于开发乡村第三产业。干净整洁的乡村环境给游客提供一处放松身心、回归自然的场所，增加村民三产收入，带动村集体经济发展，让乡村实现产业旺、生态优、乡村美的环境氛围，是实现乡村振兴战略的关键步骤。

在乡村景观与文化的建设中，还需要重点关注的内容在于乡村景观与文化建设有着与城市景观和文化建设截然不同的特点和发展道路。在进行景观规划和乡村文化恢复建设之前，有必要先理清楚乡村景观和文化的特点是什么，这样才能有的放矢地进行规划。通过笔者在乡村的调研，总结出了以下几方面。

（1）景观强而文化弱　这里的景观强并不是指中国乡村有着优良的景观规划和建设，而是指中国乡村中有着良好自然景观基础。中国幅员辽阔，地貌多样，气候多变。这些不同地区的不同地形地貌和气候造就了各地极具观赏性和特色的自然景观，如黄土高原的窑洞、中部平原的农田、东部的丘陵山地、南方的小桥流水等都是天然的景观，需要加以运用。而乡村的文化弱则是因为相较于城市，农村居民文化水平较低、经济基础差等。乡村的文化建设相对于景观建设来说要困难许多。

（2）文化建设难度较大　乡村地区的文化建设困难，不仅难在建设，更难在如何保持上。在文化建设过程中，首先要克服广大农民人均文化水平比较落后的现实问题，这一问题造成了农村的文化宣传难以通过书面的形式来进行，造成了农民思维中文化离自己很远的错误感觉。而在文化的保持上则出现了村民记住了、了解了，转头就会遗忘的问题，因为村民难以意识到文化的重要性，而这些文化内容在形式上也缺乏对村民的吸引力。

（3）农民对于景观建设和文化建设的积极性、主动性差　笔者在调研过程中发现，很多农民认为景观规划和文化建设是当政者的事，是政治任务，与自己无关。甚至有些农民说出"忙着挣钱，没功夫参与这个，干这个还不如睡一觉"。的错误认识。究其原因在于两方面：一是经济基础较差造成的农民为生计疲于奔波；二是自身缺乏主人翁精神。

除此之外，各个农村也存在着与其他农村不同的自身独有的特点和问题，而这些问题则需要根据实际具体分析和应对。而针对农

村地区普遍存的特点和问题，在乡村景观规划和文化建设中可以采取以下策略。

① 科学利用农村地区现有的自然景观资源和当地文化传统，因地制宜地进行规划和建设。各地区、各村庄有自己的自然特色和文化特色，这是在农村地区进行景观规划和文化建设的基础，如果不利用这个基础，而是一味地推倒重建，则容易造成基础不扎实，工作成果快速流失。所以在进行景观规划和文化建设时，必须根据村落自身的特色建立科学的规划。如济南市港沟街道冶河村，其在规划中就运用了自身的条件，以冶河特色核桃为基础建立了核桃园景观，既打造了优美的景观，又形成了核桃产业。2008 年，该村在习近平总书记亲临指导的基础上，结合核桃景观形成了自身的红色文化，将中国梦渗透到村民的生活当中，增强了村民的文化意识。

② 在文化建设中将文化内涵转换为农民喜闻乐见的文化艺术形式。中国广大农民文化水平较低的现实情况造成了他们对于理论化、书面化、标语化的文化传播形式难以理解，无法理解则难以接受，更无法形成有效地传播和渗透。所以，在文化建设中决不能仅

仅将文化流于书面，一味地打造宣传栏、口号、标语牌等。而是要将文化转换为农民喜闻乐见的形式，将文化渗透到艺术活动、农民生产生活当中，增强文化的趣味性和对当地村民的吸引力，才能形成有活力的长久传承的文化。以章丘区龙山街道为例，该街道在2019年举办了本地第一场农民丰收节，通过节日活动调动农民的积极性，将文化建设工作渗透其中。通过丰收的喜悦使农民感受到生活的不断变化，意识到了何谓建设小康社会，自发形成了国家荣誉感和自豪感。而一届又一届的农民丰收节，也会将这种文化不断地巩固和传承。

③ 将景观规划与当地产业相结合。每个地区、每个村落其生产生活方式不同，也形成了各自赖以生存的特色产业。景观规划决不能为追求美观而去破坏产业的结构，而是将两者相结合。将产业融于景观当中，既发展产业，又要使农村环境变得美观、生态、环保。以高官寨镇为例，当地甜瓜、哈密瓜产业发达，每个村落都有大面积的种植大棚，这些大棚不仅为农民保障了收入，同时也具有一定的观赏性。该镇在进行规划时，就注意到要合理利用大棚的观赏性，将大棚进行合理规划，使其美观整齐。这样既保证了产业的发展，又形成了良好的景观，甚至促进了当地采摘旅游业的发展。

对农村的景观规划和文化建设并不仅仅是规划者和设计者的工作，更是与当地村民自身生产生活息息相关的。因此，在进行规划和设计时，要与当地村民紧密联系，发挥他们的主体性和积极性，才能做出更合理、更科学的规划，提高农村的生活环境和水平，为当地村民谋福利。

④ 乡村景观规划要让村民充分参与其中。村民是乡村的主体，既然要改善农村人居环境而进行景观规划，首先要让村民积极参与其中。乡村景观不是给设计师建设的景观，而是给村民建设的。在规划设计初期，要充分进行乡村调研、村民座谈，详细了解村民想要一个什么样的环境，这个环境和他们息息相关；如果村民愿意积极参与进来，对农村人居环境的改善提升有本质上的改变，这也有

助于建设完成后景观的后期维护。

　　大多数乡村景观在初期规划设计时都有一副美好的蓝图，但是建成交付使用后，往往不能持续。究其原因，主要是村集体缺乏相关资金进行维护；其次是乡村规划的设计师们并没有从根本上理解乡村、熟悉乡村、融入乡村，在设计时，以城市园林中的景观植物、景观构筑物为主，对于乡村建设的意义不大，对村民来说可有可无，村民大都不会积极参与其中。

　　要让村民在乡村景观建设后积极投入到后期维护中，首先在前期就让村民参与其中，让村民有一种归属感，能真切地感受到"我就是这个乡村的主人"；其次在景观规划中根据乡村特色设计出让村民感兴趣的景观；最后在植物选择上，多以经济树种为主，在后期养护时，将村民自家门口的区域交由村民自己管理，后期植物可由村民自行售卖，但是砍伐之后需要及时补充，通过此法来调动村民的积极性，让村民成为利益共同体。

　　随着乡村振兴战略的推进，乡村景观建设日益受到重视。乡村资源丰富，可利用改造的景观资源甚多，巧妙地在现有资源基础上进行改造设计，再融入乡村本土文化，是乡村景观规划中行之有效的方式。

　　乡村振兴五大内容相辅相成，实现乡村产业振兴，保障乡村村民经济收入，是实现生态振兴的保障。产业振兴和生态振兴才可以吸引人才来乡村建设乡村。融入优秀人才的乡村，才可以让村民的经济收入再上台阶。

　　在进行乡村景观规划时，除了要考虑景观性的表达，注重植物的选择配置、景观功能的表现手法，景观节点的营造和建设成本之外，更要充分考虑如何将乡村景观与乡村产业、乡村经济相结合，充分利用乡村现有资源与产业创新、休闲农业、服务业、加工业、电商物流相结合，打造乡村"多元经济"发展体，营造一个自然生态、产业兴旺、村民幸福、景色优美的乡村。让村民更加爱上自己的乡村，让年轻人积极返乡创业，由此带动辐射片区内的村庄发展。

15. 乡村环境治理都有哪些方面?

（1）乡村水治理　为推动乡村振兴的实施和美丽乡村的建设，改善农村人居环境，让农村人的居住环境达到习近平总书记提出的"留得住青山，记得住乡愁"的水平。乡村污水治理的问题首先要引起重要关注，目前村民对于污水的治理问题认识欠缺，怎样提升村民的意识，改善农村水环境，是当前亟待解决的问题。

① 农村水污染的类别。

一是生活污水，在日常生活中，厨卫用水、卫生清洁等原因产生的污水随意排放造成的水污染，是农村污水的主要来源。这部分污水大都任意排放到湖湾水渠中，造成土壤和生态环境的污染，经污水灌溉后的农作物进入餐桌之后对人类造成二次污染。

二是农药、化肥造成的水污染，近年来，人们一直提倡生态种养，但是村民为防治病虫害，提升农作物产量，依然大量使用农药、化肥。农药、化肥的残余物通过土壤和雨水进入到河流中造成污染。

三是农业养殖，村民为节省投入，在养殖之前未建设专门的畜禽粪便的处理系统，任由其排入附近的河流之中，对周边环境造成空气污染和水污染，影响附近村民的身体健康。

四是工业生产排放的废水，为增加村民的经济收入，解决村民附近就业的问题，乡镇街道引进工厂，而这些工厂只一味地关注利益，忽略污水治理系统的建设，工业污水直接排入沟渠中。如笔者所见，多年前，章丘区高官寨街道某村引进的制药厂，制药厂周边的水渠飘着一股浓烈的药味，对于周边的地下水造成极其严重的污染，而周边村民利用地下水灌溉的农作物亦存在有害物质超标的现象，只能放弃周边土地的利用。农村中的工业废水虽在数量上只是少数，但是造成的污染情况是最严峻的，因此，希望农村的基层领导在考虑增加农民收入的基础上首先以健康为重。

② 农村污水排放和治理现状。

目前，中国拥有 180 多万个自然村，近 42 万个乡镇级政府，8

31

亿多农民，随着乡村生活水平的日益提升，污水的排放量也逐年增加，农村污水处理系统有待完善。

由于中国乡村地理特征分散，《农村人居环境整治三年行动方案》中对污水治理提出明确要求，要求梯次推进农村生活污水治理。根据农村不同区位条件、村庄人口聚集程度、污水产生规模，因地制宜采用污染治理与资源利用相结合、工程措施与生态措施相结合、集中与分散相结合的建设模式和处理工艺。推动城镇污水管网向周边村庄延伸覆盖。积极推广低成本、低能耗、易维护、高效率的污水处理技术，鼓励采用生态处理工艺。加强生活污水源头减量和尾水回收利用。以房前、屋后、河塘、沟渠为重点实施清淤疏浚，采取综合措施恢复水生态，逐步消除农村黑臭水体。将农村水环境治理纳入河长制、湖长制管理。

③ 乡村污水治理面临的问题。

一是乡村污水治理专项资金不足。乡村村集体收入薄弱，污水治理专项资金主要靠国家财政支持，但国家和省级财政资金未设立专门针对乡村污水处理的资金，各基层政府的财政收入相对较少，相关部门可争取和安排利用的资金也不能满足要求。综述各方面原因，乡村要建立健全污水治理系统需做长远打算。

二是乡村污水处理设施建设滞后。由于资金的缺乏，对于乡村污水处理的规划建设相对滞后，导致大部分乡村的污水未经过专业的收集处理，大都是直接就近排入湖湾沟渠中，周围水系经过长时间的污染物累积，导致乡村多条"臭水沟""臭水塘"的存在，对村民的生产生活造成极大的影响。

三是已建成的污水处理设施维护不周。习总书记提出乡村振兴建设，其中人居环境的整治位列首位，多数地区通过美丽乡村的规划建设，使得乡村污水处理设施得到完善。通过对多处美丽乡村建设完成后关于污水处理设施的维护方面的调研发现，在运营维护方面远不能达到规划时的要求，造成如此局面，一是由于污水处理系统的专业性要求较高，乡村普遍缺乏专业技术人才，造成污水处理管网的堵塞、破损；二是在后期维护过程中存在责任分工不到位，责任人不明确等问题，各人自扫门前雪，对于公共设施缺乏责任心；三是后期维护资金不足亦是导致问题存在的主要原因。

四是乡村污水处理工艺不成熟。与城市相比，城市污水处理已经被重视和开发多年。2017年，城市污水处理率达到95％，并不逊于发达国家。但是，农村的污水处理并不乐观，主要是处理技术仍处于探索阶段，如果只是简单的拿来主义，将城市污水处理技术植入乡村中，其处理效果、资源再利用率和经济效益均会较差。农村生活污水处理工艺组合如下。

农村生活污水处理工艺组合

工艺类别	单元技术			工艺特征
	厌氧	好氧	生态	
厌氧＋生态	复合厌氧、厌氧滤池、净化沼气池		人工湿地、稳定塘、土壤渗滤	占地面积较大，处理过程无动力消耗
好氧＋生态		接触氧化、生物滤池	人工湿地、土壤渗滤	占地面积较大、如采用自然通风或跌水曝气可节省动力消耗
厌氧＋好氧＋生态	复合厌氧、厌氧滤池	接触氧化、生物滤池	人工湿地、土壤渗滤	占地面积较大、处理效果好，可采用自然通风或跌水曝气节省曝气能耗
厌氧＋好氧	复合厌氧、厌氧滤池	接触氧化、生物滤池		占地面积小、水量适应广、考虑除磷需增设雾化除磷单元

④ 乡村污水治理过程中村民的意愿。笔者经过对所在城市的多个乡村进行实地走访调研，深入了解村民对于污水治理的意愿。随着农村生活的日益改善，农村污水排放量也逐渐增加，大部分农村的污水未经处理直接排入附近沟渠中，对环境造成极大的影响。村民也迫切想改善现状，将污水进行统一治理。多数村民表示支持并且积极配合，但是也有少数村民对于污水治理表示不需要、不支持。经过深入交谈之后，找到村民不支持的原因，找出原因才能逐个突破解决，确保乡村污水处理工作有条不紊地开展，根据调研总结出以下几点原因。

一是村民担心自己的房屋地基受到影响。很多村庄未经过新农村建设和美丽乡村的规划建设，居住的房屋由于年老失修，地基较浅，尤其是很多老年人的房屋面临的问题较多。但是在安装污水治理设备时需在房屋周边深挖至少 1 米的坑，这样可能导致房屋地基不牢固，而他们又缺少资金去重新修葺自己的房屋，并且觉得污水治理与否并不会对自己的生产生活产生很大的影响，因此，不同意村内规划设计安装污水治理设备。

二是村民因设施安装位置不合适导致反对安装。在笔者调研过程中正好遇到类似事件，村内要整体安装污水治理设施，但是由于净化槽等设备的安装位置与施工人员发生冲突，部分村民觉得净化槽靠近自己房屋会对自家造成影响和危害，施工人员正与村民协商。最后追踪到的结果是协商未果，施工人员只能放弃最佳路线，选择其他位置安装净化槽，这样就延长了管道长度，增加建设成本。

三是村民环保意识薄弱。在调研过程中还发现，大部分村民对于环保的意识比较薄弱，认为乡村土地广袤无垠，一点污染并不会造成严重后果。意识不到水污染对于人的身体造成的严重伤害，所以不愿意安装。即使安装之后，也没有合理的使用和保护意识，致使后期设备安装后闲置，造成资源浪费。

⑤ 农村污水治理实施。农村污水治理实施步骤如下。

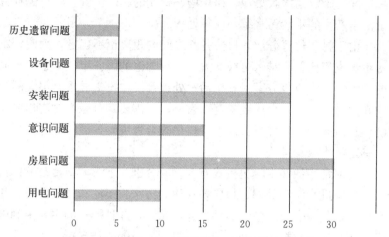

村民反对安装污水治理设施的主要问题统计（户数）

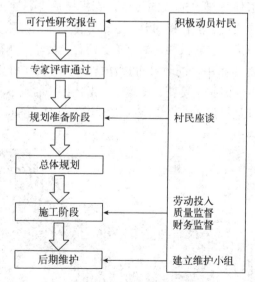

农村污水治理实施步骤

一是生活污水的治理。污水治理是农村人居环境整治中的重要环节，在美丽乡村规划设计中作为专项规划。规划中根据村庄的实际情况，确定污水收集池、净化槽、管线的具体位置，将村民日常生活中产生的生活污水统一收集处理。

由于村庄位置分散，村民各户之间的距离也不确定，因此，农村污水收集比较困难。可根据大小、收集池的服务半径确定收集池的位置，污水收集方案对整个污水处理系统中投资成本有很大的影响，除村庄大小、村民数量等因素外，还需要综合考虑村庄集体经济、自然条件、环境目标因素、村民配合程度等，经过综合分析之后确定污水收集模式。

目前常用的污水收集模式有 3 种，分别为纳入城镇市政整体污水管网中进行统一处理、村庄各自建立污水收集池和处理设备、几个村庄之间联合建立整套的污水处理系统，此种模式的主要限制因素是要解决各村村民之间的问题，得到村民的积极支持。

二是村庄现存湖湾水渠的治理。对于村庄现有的湖湾水渠，因为前期的污水任意排放造成的污染，要积极治理，通过采用生态性、景观性的处理手法，将湖湾打造成为村民休闲游憩的地方。可种植各类可净化水质的植物，如芦苇、荷花、蒲草、水葱等，既起到了美化环境的作用，同时又可以净化水质。滨水种植垂柳、法桐、碧桃、垂丝海棠、樱花、溲疏等，形成四季常绿、三季有花的季相景观，满足村民在劳动之余的休闲游憩功能，同时也是治理河流污水的重要途径。

（2）乡村垃圾分类整治 随着农村经济的快速发展，农村生活垃圾的数量已超过城市，从户籍制度来看，目前中国有 9 亿农民，长期生活在农村有 4 亿左右，按照平均每人每天产生 0.4～1.0 千克的垃圾计算，一天就要产生 1.6 万～4.0 万吨垃圾。这庞大的数字背后是对于农村环境的严重污染，给村民的生活和身体健康带来极大的隐患，对村容村貌的改善、美丽乡村的建设以及乡村振兴都带来严重的影响。2006 年中央 1 号文件提出新农村建设，2018 年中央 1 号文件再次提出对于农村垃圾整治的意见，2019 年、2020 年连续提出乡村振兴的首要问题是农村人居环境的整治，农村垃圾系统性治理是建设美丽乡村要坚决攻克的一关，处理好农村垃圾，营造良好的农村生态环境，为村民提供一处优美的环境是乡村振兴战略中的重要环节。

农村垃圾治理既需要全体村民的共同配合，又需要政府财政资金的支持，还需要提升村民关于垃圾处理和环境保护的意识。事实上，农村垃圾处理是一项系统性、专业性工程，需要一定的技术性人才和全员的努力，只要全国乡村居民共同意识到垃圾污染带来的严重后果，才能正确引导他们不随手丢弃垃圾，保护乡村环境。

① 农村垃圾处理的现状及问题。

一是村民对垃圾分类认知不够，处理方式简单粗暴。目前多数乡镇街道政府甚至大部分城市对于垃圾分类问题未给予高度重视，村民对于垃圾分类的概念更是模糊不清。根据笔者乡村调研统计得知，80％以上的村民没有垃圾分类的基础认知，更没有垃圾分类的习惯，有 60％以上的村民只是模糊地知道垃圾有可回收垃圾和不可回收垃圾，但是至于哪些垃圾是可回收的、哪些是不可回收的并不清楚；另外有约 20％的村民，主要是以老年人为主对垃圾的分类完全不清楚，对垃圾的丢弃方式也是简单粗暴的直接丢入废弃的河塘深坑中。这些现象说明，在乡村对于垃圾分类和垃圾处理存在相当大的认知短板。

同时，农村垃圾除生活垃圾之外，在农业生产方面产生的有害垃圾问题也不容忽视，在农业生产过程中使用的塑料薄膜、篷布、农药，农作物后期产生的瓜秧等废弃物，处理方式基本上是以填埋、焚烧、丢弃为主，对土壤、地下水源和空气造成严重的污染，尤其是处理有害垃圾时采用此种方式，更是对村民的身体健康带来严重的影响。村民处理垃圾方式调查如下。

村民处理垃圾方式调查表

垃圾类型	处理方式	所占比例（%）
生活垃圾	自家收集，丢垃圾桶	70.2
	村里的大型中转站	5.5
	附近的河湾水沟	16.3
	随意丢弃	8.0
农业生产（塑料薄膜、农作物残余、农药等）	田边水沟	83.7
	填埋	5.6
	焚烧	10.7
有害垃圾	直接扔掉	68.9
	送专门回收站	5.5
	存放起来集中处理	25.6

二是农村垃圾收集、处理设施不完善。农村的居住形式大都是分散且不规则，有些村庄虽然规模较小，但占地面积大，与周边村庄的连接性差，相应的环卫基础设施和运营成本较高，村集体经济难以解决，乡镇街道政府的资金投入在这方面明显不足。

近年来，随着对于农村环境越来越重视之后，多数农村中已具备大型垃圾桶和垃圾收集装置，但是仍处于初级阶段的收集，还需要不断完善。基础设施不足之处首先体现在垃圾设备数量少，可服务半径狭窄，为倒一次垃圾还需要走出去好远，对于村民来说甚是不便，所以少数素质低的村民可能就选择直接倾倒在河沟之中了。此外，村内对于垃圾收集设施缺乏监督和定期清理，导致垃圾遍地都是，增加了清理难度，生活在垃圾桶周边的村民对此更是抱怨连天，影响村民之间和谐。

农村保洁力度有待加强，可雇佣村内年纪稍大的村民每天进行专门的清理打扫，既解决他们的经济困难，又使得环境整洁。其次，在运输农村垃圾方面，由于垃圾收集设施分布过于分散和垃圾清运车的配置数量不足，导致垃圾清运车运输效率低、成本增加、工作周期延长。

②农村垃圾治理的难点。

一是缺乏引导，村民参与性不强。忽视了村民的参与性，村民是农村垃圾产生的主体，并且农村垃圾治理的成效和他们息息相关。由于各级政府缺乏对村民的环境保护和垃圾分类方面的教育，所以大部分村民对于环保意识比较淡薄，认为环保是城市的事情，农村的生态环境好，不需要专门进行环境保护。

除此之外，各农村地区未能建立相关通道让村民可以积极参与到垃圾治理中来。其实有很多村民对于乡村的生态环境建设、农村垃圾治理等方面存在很好的建议意见和看法，但是缺少途径让他们去表达自己，直接影响了他们参与环境保护和治理的积极性。政府和村民之间也缺少有效的沟通，政府没有很好地宣传环保知识；村民缺乏生态环境安全意识和防污染、治污染的自觉性，不清楚环境污染带来的危害性和严重后果。

二是资金投入不足，长效机制有待完善。目前，农村环保工作进行所需要的资金主要来源于地方行政拨款和中央财政资金。但由于历史的因素，农村垃圾治理基础设施建设资金缺口大，来源少，仅仅靠上级财政资金难以满足现状要求；村集体经济收入低，难以负担村内垃圾治理的费用投入，造成垃圾处理相关配套设施缺乏。然而，随着农村垃圾产生量日见增多，仅靠政府财政压力较大。

此外，在农村垃圾治理的过程中，垃圾处理的基础设施需要定期的维修和更换，日常村道村貌也需要相关保洁人员进行维护，这些都需要大量的资金投入。据笔者走访发现，有很多美丽乡村建设完成后，已经开始垃圾分类试点，村民也表示响应政策，却最终因为垃圾治理费用的短缺，无法形成长期有效的治理机制，只能以失败告终。

三是村民缺少垃圾分类意识。目前大多数农村地区，在垃圾分类方面未见有明显成效。主要原因有：缺乏垃圾分类的基础设施，缺少对村民进行垃圾分类处理的引导教育，村民本身的垃圾分类意识以及垃圾分类知识匮乏。

其实在农村，垃圾处理方式多样，较为合理的是进行堆肥或者导入沼气池中产生沼气，让垃圾变废为宝，再次利用。把其他有害垃圾进行统一集中收集转运，这样产生的垃圾数量较少，容易治理，而不是像最普通的治理模式，简单的焚烧或填埋。由于各种因素的制约，农村建设良好的生态环境和生态循环还有待进一步的发展。

③ 农村垃圾治理的对策建议。

一是提高村民的环保意识、垃圾分类意识。要彻底改变农村的生态环境和垃圾治理环境，需要依靠村民，而不是抛开村民谈乡村建设。农村人居环境的整治是为村民整治的，他们是主要的参与主体，所以改变村民的环境保护观念和垃圾处理意识是加快整治农村环境的关键。家庭中主要劳动力在村里的时间越长，参与农村环境整治的概率就越高，对保护家园生态性的认知也越高，所以在农村精神文明建设中，要重点强调村民的主人翁地位。积极调动村民的参与性，定期开展各种形式的宣传教育活动，让村民在环境保护方面自我约束，同时又带动周围其他人的自觉性。

从具体方面来讲，首先村干部要以身作则，做好农村生态环境保护的第一人；其次是要鼓励村民改变传统生活习惯，提升健康文明水平。此外，还可以在村内成立专门的环保小组，对本村的环境问题进行监督，设立奖惩制度，评选环保达人，给予一定的奖励，鼓励村民自觉参与其中。

二是因地制宜，探索适合本地的垃圾治理模式。农村垃圾治理是一个长久的问题，需要不断实践、完善，才能总结出适合于当地农村特点的垃圾治理模式。例如，山东大多数乡村都采用"户分类、村收集、乡镇转运、市县处理"的处理模式，也是村民最容易接受认可的一种模式。科学合理地选择符合当地特点，符合当地村民心理需求的治理技术是做好农村垃圾治理工作的重要途径，在逐步试用过程中最终形成有特色的垃圾治理长效机制，防止环境污染，让村民在乡村健康的发展是垃圾治理的最终目的。

④ 农村垃圾分类。

从 2019 年 7 月 1 日起，上海被"强制"实行垃圾分类引发社会关注，刚试运行那段时间，网络上铺天盖地全是关于垃圾分类的新闻。其实在日本等国家，早就实行了垃圾分类，垃圾分类的好处对社会对自身都是只有益处。

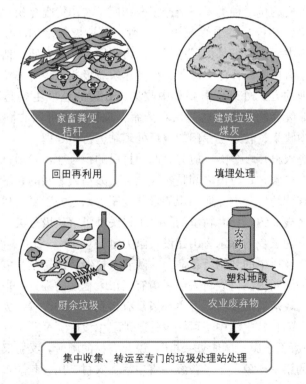

但是垃圾分类并不只是大城市的课题，中小城市、农村都要全面开展垃圾分类治理工作。2018 年 6 月发布的《中共中央国务院关于全面加强生态环境保护坚决打好污染防治攻坚战的意见》，明确指出"推进农村垃圾就地分类、资源化利用和处理，建立农村有

机废弃物收集、转化、利用网络体系"，为因地制宜推进农村垃圾分类工作指明方向。

实现农村垃圾分类工作是农村人居环境整治的重要部分，是实施乡村振兴战略的重要内容。随着垃圾分类工作的展开，我国多个农村地区也开始探索垃圾分类工作，如果只是照搬城市的分类模式，是不切合农村实际情况的。因为农村和城市的垃圾种类有太多的不同，可以借鉴城市模式来找准符合自身地区的分类方式。

推进农村垃圾分类治理，应遵循简单易行、经济适用的原则。农村中主要的垃圾种类是厨余、家畜粪便、农作物废弃物、农业用料废弃物、秸秆、冬季煤灰等，占到农村垃圾数量的70%以上，这些垃圾中大量垃圾都可以进行回田再利用。家畜粪便、秸秆都是田间生态有机肥料；冬季煤灰、少量建筑垃圾并不是有害垃圾，可采用填埋的方式处理；需要集中收集、处理的垃圾主要是厨余垃圾；农业废弃物如塑料薄膜、农药瓶、瓜秧等不可回收利用的垃圾，集中收集、转运至专门的垃圾处理站进行再处理。

推进农村垃圾分类，应充分调动村民的积极性，增强村民的环保意识。在农村，村民之间是熟人社会，人与人之间的邻里关系亲密，是宣传垃圾分类专业知识的最佳场所。制定关于乡村建设垃圾分类的村规民约，让乡村里的每一个村民都了解垃圾分类，执行垃圾分类，为家乡的绿水青山建设贡献力量。

(3) 乡村中的"厕所革命"　随着农村经济的持续发展，农民生活水平不断提高，农村人居环境有了很大程度的提升。但是在某些经济比较落后的乡村，卫生环境没有得到极大的改善，尤其是厕所，是人们日常生活中不可缺少的基础卫生设施。

"小康不小康，厕所算一桩"，说起农村的厕所，又脏又臭是大多数人的第一印象。笔者曾经一直生活在农村，用一句顺口溜形容农村的厕所很形象，"一个土坑两块板，三尺土墙围四边"，夏天蚊蝇到处飞，冬天冷风呼呼吹，长辈们对于这样的厕所现状似习以为常，其实是无可奈何。所以农村的"厕所革命"其实是一场计划已久的革命，是村民对于现状的不满意，是国家政府时刻关注民生的重要举措，所以农村进行"厕所革命"的重要性不言而喻。

《中共中央国务院关于实施乡村振兴战略的意见》中将持续改善农村人居环境作为"提高农村民生保障水平，塑造美丽乡村新风貌"的一项重要工作，明确要求坚持不懈地推进农村"厕所革命"，努力补齐影响农民群众生活品质的短板。2017 年发布的《厕所革命推进报告》也提到，农村大部分的传染病是由厕所粪便污染和饮用水不卫生引起的，其中与粪便有关的传染病达 30 多种，最常见的有痢疾、霍乱、肝炎、感染性腹泻等。因此，农村"厕所革命"不仅是建设美丽乡村的需要，也是改善农村人居环境、提升农民生活品质的需要，更是国民素质提升、社会文明进步的体现。

日前，全国各省都相继发布了关于农村"厕所革命"的相关政策法规，山西省多部门联合印发《山西省农村"厕所革命"专项行动方案》，计划在 2019—2020 年两年内完成 100 万座左右农户厕所的改造，这对于农民农村来说确实是一件利国利民的好事。

小厕所关系着大民生，农村厕所革命不仅是一场基础工程，更是一场民生工程、文明工程。推进农村"厕所革命"既要因地制宜，又要充分尊重村民意见，让村民改得起也用得起。

① 农村厕所改造中遇到的问题。农村关于厕所的革命不仅是改造提升农村的基础卫生环境，更是转变广大村民现有的生活理念。大部分村民认为农村的厕所就是臭的、脏的，太干净了反而觉得不适应、不习惯。所以，通过一场"厕所革命"彻底转变村民对于现有居住环境的认识，对现有居住环境有更高的要求。

近年来，国家大力提倡乡村振兴战略，农村人居环境整治是乡村振兴中的基础环节。而把"厕所革命"融入乡村振兴战略中，加大对农村厕所改革的投入，大力实施农村改厕项目，持续推进农村户厕改造示范工程。

国家对于农村改厕的政策和资金投入都相当到位，但笔者在调研中发现，很多农村改厕工作仍存在诸多问题，如进度推进慢、村民不支持，体制不健全等一系列问题。有的地区针对改厕问题并没有深入走访村民、确定村民的意愿到底是什么，就盲目推进工作的进行，为完成政府交代的任务对农村厕所盲目改造。很多街道政府在招投标时通过打包的形式一次性承包给第三方统一施工建设，在美丽乡村的规划建设中也遇到同样的问题，只追求数量，追求完成上级传达的任务，对村民的实际需求熟视无睹，有的村庄是典型的"空心村""留守村"，常住人口很少，也建了装修豪华厕所，没实质性意义。有的村庄虽然外表上改造好厕所，但实际上缺乏下水道管网的配套设施，建成却不能使用。

部分村民难以承担改厕费用。依据政策标准，补助资金只负责承担地下部分建设和部分建设人员费用，而对于地面部分和其他材料费用则需要村民自己负担。随着原材料、人工费的持续上涨，村民在改厕过程中自身支出的费用在上涨，对于贫困户来说，增加了他们的经济压力，导致这部分村民对于改厕的积极性不高。

部分改厕工作成为"面子工程"。很多地区农村改厕工作未充分理解民意，导致工程建设不符合实际情况，被村民笑称为"一次性厕所"。导致此类现象的主要原因是为突出村民的主体性，村民作为"厕所革命"的实际受益者，并不能直接参与其中，在厕所改造完成之后，村民"不想用、不能用、用不着"等现象不同程度存在。

在乡村实地调研中也发现，由于认知不准确，后期维护力度跟不上，配套设施不完善等原因导致虽然投入大量人力、物力、财力，但新建成的厕所成了摆设，完全不能发挥其作用，不能改善村民使用厕所的实际情况。还有些村庄所建的厕所沦为应付政府检查的面子工程，对村民毫无益处。

指导改厕工作不符合规范。有的地区负责改厕项目的责任人、规划人员、施工人员对改厕的标准和要求一知半解，对村民的意愿完全不知，对国家、地方下发的关于指导改厕工作的手册理解不够深刻，设计出的图纸不够准确，在施工过程中质量指导监督不到位，导致存在设计、施工不规范，不因地制宜等现象，工程质量得不到有效的保证。例如，北方地区关于厕所的改造规范标准是三格式、双瓮式改厕设备，容积不得低于 1.2 立方米，具备一定的抗压、防渗、防冻要求，且必须使用节水型冲水设备，每次冲水量在500毫升以下。但就笔者实地调研的几个北方乡村，设计施工并不符合规范，所要求的都没有达到标准，尤其是冬天没有防冻措施，影响了改厕效果。还有的村庄未使用节水型设备，冲水量过大，粪便在化粪池储存时间过短，达不到无害化的要求，给群众生活造成不便。

后期维护工作不到位。在厕所改造过程中，重建设、轻维护的问题普遍存在。在调研过程中发现，很多农村改厕工程完成之后，厕所就高高挂起，使用率严重不足。通过和周边村民座谈得知，各地区虽然根据政策要求配套建设了水冲式户厕，但因村庄配套建设的排污管网、污水处理设施及后续管理还有所欠缺，导致建成的水冲式卫生厕所不能正常使用，部分群众又在院外重新建造了旱厕，造成资金的再次浪费，增加村民的经济压力，造成很大的负面影响。村民对此意见颇深，希望将村庄内改厕的意见建议整合上报给上级政府，要求政府给出合理的建议。

② 对于农村"厕所革命"的建议。

一是"厕所革命"，规划先行。在县（市、区）级层面做好上层规划，统筹安排，先易后难，先城镇中心然后辐射周边偏远地区，逐步开展、逐村规划，以点带面，以示范带头逐个推进。避免一哄而上，全面铺盘，大范围、大动作地开展整治活动，劳民伤财。

在规划之前，要详细调研各个村庄情况、村民意愿，这样规划出的方案才是以村民为本的方案，避免脱离群众盲目搞规划。同时，规划要有前瞻性，科学分析人口流动趋势，合理应对农村的空心化、老龄化、人口外流、长期不在村庄居住的问题，科学合理地规划各村的厕所位置、厕所数量、厕位比例等，对村内原有的露天厕所进行集中清理改造，既方便村民，又美化环境，提高厕所的使用率。

二是推进"厕所革命"要因地制宜。2004—2017年，中央财政累计投入几十亿元，新建、改造农村厕所2 126.3万户，到2020

年基本完成农村户用厕所改造，地处偏远的地区也要逐步提高卫生厕所的普及率，让农村的卫生条件得到本质的改善提升。在厕所改造过程中同时也暴露诸多问题：一是个别村庄简单粗暴推行"马桶化"改造，但是在配套服务设施上却没有相应的污水处理系统和污水管网，村民只能将粪便直接流入沟渠、河道中，造成环境的二次污染；二是当前改厕任务涉及部门众多，缺乏统一的协调领导；三是山区、平川农村基础条件不同，情况千差万别，但在改厕过程中存在"一刀切"现象，以致效果不尽理想。

要开展"厕所革命"，各地要根据自身的经济水平和自身基础条件因地制宜，同时要结合村民的实际需求选择适宜的改厕模式。对于水资源丰富、用水方便、已配套或有条件配套污水处理系统的村庄，推广完整下水道水冲式厕所；对于暂时没有条件配备污水处理系统的村庄，推广三格化粪池或双瓮漏斗式厕所；对于用水、铺设管网都较为困难的山区，推广通风改良式厕所。因势利导、因地制宜，才能让"厕所革命"真正惠及村民。

三是推进"厕所革命"要尊重村民意见。推进"厕所革命"要充分调动村民的积极性，如果只是政府方面的独角戏，势必不能达到事半功倍的效果。

如何调动村民的积极性，把这项利民工程落到实处，让村民都从中获益？从各地的建设完成情况来看，必须要尊重村民意愿。换言之，厕所改不改、如何改，改后要如何维护使用，要和村民商量着干，毕竟村民才是本项民生工程的主体受益者，改造之后实用不实用，要让村民满意才行。

首先要提高村民的思想认识，要让村民意识到，"厕所革命"和每一位村民都息息相关，目的是改变农村厕所"脏乱差"的旧面貌，建立整洁卫生的厕所新样态。进一步而言，就是要改变长期以来农村的如厕陋习，培养形成一种与现代化相适应的生活方式和文明理念。其次是做好村民的示范引领工作，宣传厕所改造之后干净整洁的村容村貌，让村民从思想上的"愿意改"到行动上的"主动改"。最后是实干精神，在厕所改造过程中遇到的任何困难都积极主动帮助村民整改。

四是推进"厕所革命",要让村民改得好,更要用得起。农村"厕所革命"要坚持政府兜底建设的原则,农村"厕所革命"优先解决的是卫生问题和防止疾病发生源问题,防止视觉污染和味觉污染的标准制定实施要严格,提升村民的满足感和幸福感。目前,大多数地区农村"厕所革命"宜选择建设、维护成本较低的厕所技术和产品,不仅要改得好,还要让农民用得起。

农村"厕所革命",不仅是促进农村人居环境改善,也是开展美丽乡村建设、实施乡村振兴战略、促进城乡协调融合发展的重要举措。切实推进农村"厕所革命"的可持续发展,要充分考虑各地区村庄的自然条件、社会条件、经济水平、农民生产生活习惯等因素,以户用厕所改造为主,协调推进农村公共厕所建设,及乡村产业振兴、美丽乡村建设、公共服务体系建设等一体化推进。

(4)乡村道路状况改善提升 俗话说"要致富,先修路",在农村,道路不仅承载了交通功能,还承载着农民丰产丰收,农产品外运,增加经济收入的功能,是农民眼中的致富之路。

乡村发展,道路先行。之前,很多农村尤其是山区农村因为道路的限制,导致农产品销售存在困难,丰收不丰产的现象时有发生,直接影响了农民的经济收入,造成城乡贫富差距逐渐增大。随着乡村振兴战略的实施,乡村交通困难的短板补齐,给农民不仅带来交通出行上的便利,更让农产品插上翅膀,飞得更远;农村电商的兴起,拓宽农产品的销售渠道,为农民铺设一条发家致富之路。

近年来,农村的各项事业都在如火如荼的发展中,尤其是党的十九大提出乡村振兴战略之后,乡村的发展、农村人居环境的改善、乡村道路的建设都被提上日程,广大乡村地区不断完善道路交通基础设施,道路绿化景观,让农村人居环境得到改善提升。

在发展乡村道路的同时,要注意区域化发展,避免盲目的"一刀切",道路路面的材质选择、道路宽度、绿化规格、道路风格等方面要根据自身情况建设，可以有效借鉴，杜绝盲目跟风。例如，山东省济南市长清区建设一条"齐鲁风情8号路"，其他地区也跟风建设，造成资源的浪费。

打通乡村振兴的道路交通网络，依托串联各村之间的道路交通，服务沿途村民，创造发家致富的机会，为乡村振兴增添助力、增添新动能，这样创新务实、服务村民的实践举措多多益善。

① 农村道路基本现状。农村道路是支撑农业发展、农村经济、村民日常生活的重要基础设施，是乡村的"骨骼"和"经络"。乡村道路建设的情况在农村人居环境整治中占有极其重要的地位，若乡村的道路建设滞后，将会严重制约农村经济的发展，农产品的运输销售、农民的生活受到影响。

一是农村道路建设缺少规划设计。农村的道路建设体量巨大，主要包括村庄内主干道路，连接各家各户的巷道路、田间用于农业生产的道路、田间道等。在建设之前，大都未经过规划设计、专家评审等步骤，致使农村的道路建设存在一定问题。现阶段建设美丽乡村、提升人居环境都经过专业团队进行现场调研之后做详细设计，所以较之以前，农村道路的建设有了很大程度的改善。

农村道路级别分布（米）

道路级别	村道	巷道	田间路	生产路
作用功能	村内主干道路	联系各家户之间	农田之间的小路	用于农业生产的大路
路基宽度	4～6	2.5～3.0	1.5～2.0	3.0～4.5

二是农村道路缺少基础设施。在大部分农村，道路两侧缺少基础设施；在设计方面，严重不符合设计标准和规范；在一些特殊的山区农村，坡道、拐弯等特殊路面，无明确的警示标志语配套设施；农村的道路只有少数主干道配置照明设施，其他级别的道路到了夜间就是漆黑一片。

除此之外，道路两侧绿化水平不高，植物品种单一，后期缺乏维护，任其自由生长。因道路两侧不设计排水沟，道路对坡度的要求不高，遇到大雨时，路上就会积水。

三是乡村道路建设质量无法保证。乡村道路在建设时，大都没有经过专业的规划设计，同时也受到资金、技术的限制，在建设过程中缺乏质量监督人员，导致乡村道路存在一定的质量问题，尤其是道路中多弯道、坡道时，后期的使用过程中容易出现起皮、断裂等质量问题。

② 农村道路存在的安全隐患。

一是道路基础设施缺乏。在农村，大部分道路缺乏警示标志、道路标线、道路设计不合理；在农忙季节，占道晒粮的现象严重，各种道路问题积少成多，导致乡村道路的隐患越来越严重。乡村道路的抗灾能力弱，在遇到恶劣天气时，由于路面缺少一定警示标志，导致村民发生危险。

二是农村各种类型的车辆混杂。据乡村实地调研发现，在乡村，尤其是农业产业较为发达的乡村，每家每户至少有 3 种以上车辆，自行车、电动车、电动三轮车、摩托车、摩托三轮车、轿车等各种车辆混杂，在农忙季节，路上各种车辆来来往往，加上乡村道路本身就不宽，极易发生交通事故。这些车辆的安全性未知，有些是二手车、报废车，很多都缺少检修保养，带来极大的安全隐患。

三是村民的交通安全意识淡薄。村民普遍存在交通安全意识淡薄的现象，个别素质较低的村民觉得道路在自己家门口，那就是可以随意走，完全不顾忌周围的路况；在开车过程中，完全不遵守交通规则，任意停车现象更是层出不穷，交通行为存在很大随意性，自我保护意识淡薄。

③ 乡村道路建设的建议。

一是强化科学的规划设计，确保乡村道路先设计、后施工。在进行乡村道路规划设计时不能拿来主义、照搬城市市政道路的设计理念，要充分结合自然条件、绿化植被、土壤性质等，在设计之前，充分做好前期的项目调研，在做好道路主体设计的同时兼顾道路绿化、排水及其他道路配套设施的设计，所有内容要统筹考虑、因地制宜。

二是乡村道路路面设计原则。根据对多个乡村走访调研发现，乡村内道路路面大多数以水泥路面为主，道路两侧绿化较少，有的只是简单种植行道树，失去了乡村本有的特色。在路面设计材质选择时，应当根据道路功能、道路宽度、道路等级选择路面材料。例如，车流量较大的村内主干道路可选择透水沥青路面，巷道可采用水泥或石材路面，田间生产道路可选择水泥、碎石子、当地石块等，田间小路基本以路面压实为主，或铺设碎石子。

三是施工过程保证施工质量。规划设计完成之后，接下来进入施工阶段，在施工期要求施工队伍严格按照图纸施工，不能偷工减料，工程监督人员做好质量监督，周边村民也可作为质量监督员进行监督施工进度和质量，协同合作，共同建设好乡村道路。

④ 道路照明设计。多数乡村的夜晚沉寂在一片漆黑之中，村民夜间活动量较少。随着生活水平的提高，乡村村民的娱乐活动多了起来，广场舞这一全国喜闻乐见的活动形式进入乡村，夜间生活的丰富，让乡村生活活起来。所以，人居环境整治中要让乡村夜晚"亮起来"。

路灯作为道路设计中必不可少的元素，在道路设计中起着至关重要的作用。乡村道路照明和城市市政道路照明存在本质的区别，在路灯的尺度、照明方式、灯光、路灯布局等方面存在明显的差异；乡村的道路宽度决定路灯应选择体量较小，造型风格与乡村环境相融合、灯光柔和、节能的路灯样式；乡村道路照明设施切忌花里胡哨、华而不实、造型冗杂的路灯样式。

⑤ 乡村道路绿化树种的选择及配置。乡村道路绿化设计树种的选择需要遵循适地适树的原则。在设计之前通过详细调研，了解当地自然条件、土壤类型、盐碱性，如果土壤条件较差，以黏土为主，则要选择耐贫瘠能力较强的树种；若土壤呈现盐碱性，则需要选择耐盐碱性强的树种，如山东省东营市的行道树多以白蜡、国槐

为主；若土壤为沙质土壤，则选择耐干旱且保水保肥能力强的树种。以乡土树种为主，在乡村，村民普遍对于绿化景观植物不感兴趣，觉得栽植于村居的房前屋后对农业生产有一定的影响，尤其是农忙季节农作物的晾晒，经常有素质低的村民会对其破坏，因此，在选择乡村道路绿化树种时应以乡土树种为主，乡土树种经过多年的驯化和种植，适应性强，成活率高。乡村道路绿化选择树种时除要考虑景观美化之外，还需要考虑一定的经济效益，这样在后期养护过程中可以调动村民的积极性。以承包的形式给个人作为后期养护，大大减少村集体和政府在后期养护中的投入，又增加了村民的经济收益，实现双赢。

道路两侧植物配置的原则：多层次混合配置，道路两侧在进行植物配置时要遵循乔、灌、草相结合的配置形式，乔木＋灌木＋绿篱＋花草相结合的形式，既能美化环境，又可以起到隔离噪音的功能，营造有层次感的景观效果。很多乡村道路两侧种植单一的行道树，或者没有任何的绿化。自然式搭配，很多乡村道路两侧树种配置呈现"排排站"的形式，缺少自然美感，通过自然式的植物配置形式，实现乡村景观绿化再升级。

乡村中常见行道树：法桐、银杏、栾树、国槐、香樟、七叶树、榉树、合欢、玉兰、马褂木、椴树、梓树、鹅掌楸等。

常用观花乔灌木：樱花、碧桃、紫薇、木槿、海棠、迎春、连翘、栀子、麻叶绣线菊、棣棠、珍珠梅、胡枝子、锦鸡儿等。

常用绿篱：北海道黄杨、金叶女贞、紫叶小檗、火棘、南天竹、小叶女贞、红叶石楠、小叶黄杨、侧柏、玫瑰、紫穗槐等。

常用地被花卉：二月兰、麦冬、鸢尾、郁金香、百合、菊类花卉、常夏石竹、五彩石竹、薰衣草、马鞭草、鼠尾草、沿阶草、佛甲草等。

常用草坪：冷季型草坪，有高羊茅、早熟禾、黑麦草；暖季型草坪，有马尼拉、结缕草等。

（5）公共服务设施的整治提升　乡村公共服务设施主要包含乡村教育、乡村医疗、乡村公共基础服务设施，与村民的日常生活息息相关，直接关系到村民的切身利益，提升乡村公共服务设施的建设水平是村民幸福指数提高的具体表现，是农村人居环境整治的重要环节。

目前，我国乡村公共服务设施不完善，尤其是医疗和教育资源与城市之间的差距甚远，是城乡经济发展不均衡的具体表现。在国家实施乡村振兴战略的大背景下，加速推动农村公共服务体系的建设，实现公共服务设施的有效供给，构建完善的乡村公共服务体系，是农村人居环境整治中的重要课题。

① 乡村公共服务设施的现状。

一是农村教育资源严重匮乏。长久以来，我国乡村教育资源和城市相比是严重匮乏，硬件、软件方面都极度匮乏。在教育硬件基础设施方面，农村学校现代化的教学设备匮乏。前些年，学校里只有少数老师有电脑，没有设置专门的计算机教室和计算机专业学习；学校操场的跑道是泥土的，足球场仅有孤零零的两个球门；宿舍、食堂更是简陋。而城市中的大部分中小学、高中都有着条件良好的校舍、教学设备等。

在软件方面，农村教师的教学水平总体低于城市，并且大多数以年龄较大的教师为主，年轻教师大都想往城市发展，所以会缺少现代教学思维以及和学生互动的经验。此外，在一些偏远的山区农村，由于师资力量严重不足，存在一个老师教授多门学科的现象，不利于学生学习知识。

通过实地调研和调查问卷，对山东省村民对自己村庄公共服务设施满意程度做了如下统计，以此为借鉴参考，在未来的建设中起到参照作用。

山东农民对农村义务教育的满意程度（％）

满意程度	非常满意	满意	一般	不满意	非常不满意
小学	15.23	28.32	40.65	10.55	5.25
初中	11.36	23.88	35.12	20.46	9.18

二是农村医疗资源严重缺乏。我国农村的医疗水平和城市无法相比，距离相差甚远。尽管近年来国家对农村医疗加大了资金投入，农村合作医疗的补贴也在继续完善，但相比于城市还远远不够。医生和医疗设备和城市无法相比，在各个乡村中能有卫生室就已经是相对发达了，在一些落后的贫困山区，一个赤脚医生行走于各个乡村之间，医疗设备、药品都严重匮乏，只能对一些常见的病症进行初级诊疗。由此可见，乡村无论是在医生、医疗设备还是药品方面都存在严重不足，具体如下。

山东农民对农村医疗资源的满意程度（%）

满意程度	非常满意	满意	一般	不满意	非常不满意
村卫生所	5.65	14.76	51.66	17.39	10.54
乡镇医院	8.33	20.91	45.22	16.41	9.13

三是农村公共基础设施配备不齐全。农村的公共基础设施主要包含体育健身设施、文化馆、图书馆、超市等基础资源，和城市相比，建设不完善。近年来，国家对于美丽乡村的建设给予很高的政策和资金支持，很多乡村在此背景下做了详细的规划设计。最新的规划设计中对于公共基础资源的布置符合国家规范，虽已做好上层规划，但却没有付诸实施建设中，导致农村公共基础设施数量没有达到预期。由此可见，乡村的公共基础设施和城市之间还存在不小的差距，也没有达到美丽乡村建设的标准。

四是服务水平低，村民使用满意程度低。乡村公共服务设施的服务主体是村民，因此，它的具体建设和建设规模应该根据村民的需求来确定，和村庄大小、村民数量多少、村集体经济状况有直接关系。有些村庄为完成政府派给的硬性指标，在实际的建设过程中重"数量"、轻"质量"，忽略了乡村服务设施本身的功能，在使用过程中，达不到村民的满意程度，具体如下。

山东农民对农村公共基础服务设施的满意程度（%）

满意程度	非常满意	满意	一般	不满意	非常不满意
文化资源	1.02	1.68	11.49	37.43	48.38
体育健身设施	18.78	49.32	23.85	7.48	0.57
公共活动区域	15.67	50.36	25.78	7.51	0.68
超市	8.35	44.51	37.23	8.89	1.02

在乡村的实际调研中发现，有些经济发达的乡村已建成了文化活动室、老年公寓、老年活动室、卫生室等公共设施，但是由于前期缺少系统调研和详细规划，建设完成的服务设施由于选址不科学或其自身的原因导致村民使用率低，设施闲置，造成资源浪费。例如，在济南市某村庄，只有一处小型卫生室、一个医生，医生水平有限，村民宁愿花更多的时间到城市就医。再如，济南市长清区某村庄因为其特殊的乡村景观和大面积的油菜花田，每年吸引数万游客到此观赏游玩，为配合游客的使用，在公共服务设施上投入大量资金，而忽略村庄常驻村民的使用意愿，导致舍本逐末。

五是对乡村公共服务设施的投入资金有限。受乡村传统思想观念和生活习惯的影响，农村对于公共服务设施的要求偏低，尽管近年来农村经济逐步发展，农村公共服务设施的数量和供给模式也在悄然发生变化。由原来的全部由政府供给，发展到今天的政府和市场联合供给，虽然市场供给的数量和地区还相对较少，但是未来的趋势。

政府供给占大多数，由于政府财政资金的有限，因此，对于农村公共服务设施的资金补贴有一定的局限性，还需要村民自己承担一部分，村庄经济差异性较大导致村庄之间公共设施的配套差别亦较大。

② 乡村公共服务设施提升策略。

一是统筹发展，合理布局。通过集中和分散相结合的方式，在进行规划之前，需对村庄布局和村庄内村民的日常活动轨迹及其他关于村庄的详细内容调研清楚。在村民居住相对集中的区域、村民经常到达的区域内布局公共服务设施，为提升对公共设施的利用率，需要对公共设施进行互补性布局，在村民较为集中的区域进行集中布置，达到资源利用最大化。对于公共基础设施选择布局则以村民的实用性为主，建成后应为村民的生活带来便利，提升村民居住乡村的幸福感。

二是参与建设主体多元化。仅依靠国家财政补贴和村集体经济，对于建设完善乡村公共服务设施困难较大。在新的市场经济体制下，可以吸引多元化市场主体共同参与乡村公共服务设施的建设，引导和鼓励第三方组织、村社组织、个人、非营利性组织参与到其中来，政府做好主导引领作用，从整体上把控公共设施的供给内容，并且根据当地的实际情况制定相应的法律法规。村委会最了解本地乡村的情况，要积极配合政府完成工程的建设和后期的维护，并且在后期使用过程中，积极了解民生民意，随时做好调整，满足村民的日常需求。

三是建立有效合理的监督制度。对乡村公共服务设施的建设进行科学评估和推断，注重实际功能的使用和提升，随时追踪村民对于村庄内公共服务设施的满意程度。对于村民的意见，积极要求整改，一切以村民的满意度为主。

优质的乡村公共服务设施是村民享受生活的重要组成部分，是提升村民幸福指数的基础设施；村庄建设公共服务中心，为村民做好基础服务是很有必要的，也是农村人居环境整治的重要建设部分。

将乡村振兴战略贯彻落实到每一个细节中，让村民切身感受乡村面貌的变化，让乡村建设得更像乡村，让村民自愿积极参与到乡村振兴中，要实现乡村振兴，既要塑形，也要铸魂。

农村的主体是村民，提升农村人居环境，为村民提供一处优美的居住环境，实现乡村生态振兴、绿色发展，加强环境综合治理，让生态振兴成为乡村振兴的支撑点，也是实现乡村产业发展、人才聚集、乡风文明的重要前提。

  乡村公共服务设施的建设需要政府、村集体、村民相互配合，通过有效地规划设计、施工建设，完善的供给机制，多元化的市场机制共同配合完成乡村公共服务设施的建设。如此才能让村民的教育、医疗、生活有保障，凝聚村民的集体归属感、对乡村的认同感、对乡村文化的自信感，促进乡村经济的发展和社会的稳定。

第三章 乡 建

一、内外兼修、软硬兼施打造农村人居环境

16. 乡村道路状况如何改善？

"要想富，先修路"，近几年，在很多乡村逐渐普及水泥路。这得益于国家政策好，也得益于地方干部群众的大力支持。但在建设过程中由于资金问题，会出现不同问题。人们的居住有远近，房屋的建造有先后，想满足每一户的要求，实在太难。有些人认为这路凑合着能走，修不修的无所谓；有些人却等着这条路贯通，好让自己的农副产品及时运输出去。矛盾的症结主要集中在资金方面，乡村道路的资金来源主要有三类：一是村民筹资，财政资金给予配套；二是村委会财政有盈余，村委会出部分资金，财政资金给予配套；三是财政资金全额支持。

不论以上哪种资金，都应统筹考虑分步实施。秉承先主干路、后支干路，逐步实现硬化路进村组、通门前、到地头的顺序。在资金到位的前提下，需要由镇、村等多级部门监管和指导，通过公开招标确定施工单位，严格按照相关要求，对村庄道路建设的路基路面、路面结构、技术标准以及其他参数进行监管和验收，有效防止豆腐渣工程。

农村路网的延伸和织密，不仅解决了群众的出行难题，也为当地发展产业提供了良好的基础设施保障。很多地区因为道路的修通吸引了投资，出现了连片产业聚集，旅游、农家乐等产业快速发展，改善提升了农村人居环境，带动农村经济发展，助推乡村振兴。

17. 乡村雨污收集状况如何改善？

我国农村污水的水质水量相比较于城镇污水具有明显的差异。

57

由于地区分散、人口数量较大、收集难等原因造成农村污水成为水污染的主要组成因素。从水质上来说，农村生活污水一般为日常生活产生的废水，不含工业废水，主要包含大量的有机物和有氮、磷等无机盐类，水质情况较为稳定。而从水量来说，农村生活污水产生量小，也因村民居住地和排放口均较为分散，接管进户难度大。水量产生随机性大，通常在饭点时存在水量排放高峰值，夜晚基本无污水产生，变化幅度较大。

由于农村人口密度低，即使在降水量不大的地区，农村排污的主要方式绝大多数仍属于大雨水、小污水，因此，农村地区一般应采用分流制排水体制；雨污分流以后，雨水可通过明沟直接汇水并排放，降低建设成本。

因此，农村污水处理模式也与城镇有着较大的差异，应结合实际情况因地制宜配用污水处理技术。适用于我国农村实际情况污水处理的主要技术有人工湿地、土壤渗滤、稳定塘、厌氧消化、生物滤池等基本处理技术，然而简单的单一处理技术无法满足农村污水处理的功能性和实施性，应当采取多种技术结合的污水处理耦合工艺。

针对农村生活污水的特点，在处理模式选择时应充分考虑农村的经济水平、地形地势、所处的地理位置以及管理水平，对区域内采取集中与分散处理模式相结合的方法，以期达到因地制宜、投资少、运行管理方便、所需费用少等效果。

(1) 城镇统一处理 靠近城区、镇区且地形具备条件的村庄，污水通过管网收集集中到污水处理厂进行处理。适用于靠近城市距离管网较近、经济基础较好、具备转变集中治污条件、符合接入管网要求的村庄地区采用。该模式对地势及管网施工条件、污水处理厂处理规模等都有较高的要求。

(2) 村庄集中处理 部分远离镇区，处于水源保护地、交通干线、重要景区、示范区且住户较为集中的居民点，以小规模污水集中处理为主，建设污水处理站。适用于距离市政管网较远却拥有良好的污水收集条件的农村集聚区。而连片村庄环境综合整治工程、流域水环境综合治理、水源地治理、乡村示范点建设项目涉及的农村，在水冲厕的基础上，污水排放考虑采取集中处理模式，实现厕所无害化治理。

（3）单户或多户联合处理 无法接入城镇管网、村庄管网，散居农户或距离较近的聚居农户，单户独立或几户联合采用三格化粪池厕所模式。三格化粪池厕所无害化效果好，基本能满足无害化需求，具有布局有针对性、成本低、施工运营方便、处理水质有保障等特点。粪便处理后可回用农田，可有效降低后续处理单元的有机污染负荷，做到资源化和减量化的结合。适用于农村规模小且村户布局散、地形条件复杂使得污水不易集中收集的地区。

18. 乡村饮用水安全状况如何改善？

农村饮水安全，就是让农村居民能够及时、方便地获得足量、卫生、负担得起的生活饮用水。2004 年，水利部和卫生部联合发布的《农村饮用水安全卫生评价指标体系》，分安全和基本安全两个档次，由水质、水量、方便程度和保证率 4 项指标组成。4 项指标中只要有一项低于安全或基本安全最低值，就不能定为饮用水安全或基本安全。

为了实现乡村村民饮用水安全，一是大力推进镇级水厂的建设及验收工作，确保镇级水厂及早正常供水；二是积极指导农村供水的运行管理工作，包括"三个责任"和"三项制度"的落实情况、工程的运行管理和水费收缴的落实情况；三是全力谋划并推进全域自然村（包括省定贫困村）集中供水的规划、建设实施。

目前，饮用水运营模式主要有以下几种专业化、企业化的运营模式。

（1）以县市水公司为主体的直供水模式 以县市城区供水公司水厂为主体，对乡镇用户直接供水、直接管理，并分阶段逐步按照中心城区相同的价格，直接向用户收取水费的直供水模式。这种模式在城镇化程度高的地区实现较为容易。

（2）专业化公司和水务站合作模式 地方城市供水公司作为供

水管理的专业化公司,负责管理集中供水水厂和主管路、水质监测检测,镇水务站负责管理到村,水费收入实行分成。这种模式实现了优势互补,可以为农村群众提供更为优质的自来水。或区县政府专门成立农村供水公司,与镇水务站直接管到户模式结合。水务站负责供水管网的检查维修,直接收费到户。

(3) 省属水利投资集团整体接管投资、运营服务 主要是依靠省属国有大型企业在供水方面的专业优势、管理优势和资源优势,以政府为责任主体、以企业为投资主体,采取一家公司运营、一张规划实施、一个标准建设、一个模式管理的办法,实现城乡一体化供水的流域化管理、区域连片的运营模式。以江西水投模式为例,地方政府将供水特许经营权授予水利投资集团,并将供水相关的土地、厂房、设备、管网等资产划转至水利投资集团,人员接收问题根据当地具体情况商讨解决。水利投资集团接管后,不仅承担了城市及农村供水基础设施建设、改造的义务,而且履行管理职责。

保障农村饮水安全工程长效运行的方法,一是继续实行农村饮用水安全工程税收优惠政策。二是适当进行水价补贴。各级地方政府可利用财政预算、非税收入、城市供水受益等渠道多方筹措资金,对水价达不到成本水平的工程给予必要的成本补贴。三是建立维修养护基金。政府财政将农村饮水安全工程维修养护资金纳入财政补助范围,引导县级政府以财政补贴和水费提留作为来源建立维修养护基金,对日常维修养护进行支持。四是建立科学合理的水价形成机制,实行农村供水一户一表,收费到户。

19. 乡村电网状况如何改善?

乡村振兴战略是党的十九大提出的重大战略。2016 年以来,国家能源局与有关部门发布《小城镇和中心村农网改造升级工程2016—2017 年实施方案》《农村机井通电工程 2016—2017 年实施方案》等通知文件,实施了小城镇中心村农网改造升级和农村机井通电工程,改善农村生产生活条件,为乡村振兴战略打造良好基础。

加强对区域内的电力设施提升力度，通过搬迁改造，并对乡村的老旧电杆、线路、表箱进行整理更换，根据规划需要新架设线路或铺设入地电缆等形式。将改造一新的电力设施与美丽乡村融为一体，让村庄面貌和品位进一步提升。改善了村庄用电条件，为村民生活和生产用电提供保障。

在农业灌溉用电方面，需实现"一井一线、一线一表、一表多卡"的机井通电灌溉新模式，即一眼机井铺设一条地埋线，一条地埋线连接一块电能表，一块电能表可以根据需要配置多张接触感应式磁卡。最终实现村民一家一张购电卡，一刷卡就能浇地，大大提高了助推农业生产的作用。

亮化照明要求简洁、实用，不奢华，不搞形象工程，重在满足功能，达到基本亮化水平。具体标准为：每个行政村安装路灯数量原则上不少于15盏，主干路和广场路灯间距设置要合理，路灯杆的材质选择要保证质量，灯具选用不低于20瓦的LED灯。在精品村、旅游村内，安装具有中国结、仿古、田园等元素的路灯，形成样式精致、错落有致的景观小品。在其他重点村，广泛推广太阳能路灯，既减轻村集体后续管护的经济负担，又清洁环保。

20. 乡村垃圾状况如何改善？

为深入推进生活垃圾分类工作，倡导绿色生态、健康环保的生活理念，让垃圾分类融入村民的生活中，结合当前人居环境工作推进情况，宜采取区域布局先行先试的方式。

坚持政府推动、全民参与。落实政府主体责任，强化公共机构示范带头作用。通过线上线下相结合的方式向辖区居民宣传垃圾分类知识，告知垃圾分类程序及分类后的垃圾归宿和用途，让村民能更深地了解垃圾分类，引导村民逐步养成垃圾分类的习惯、倡导村民参与到垃圾分类的队伍中。一句句暖心的解说，更让村民切实感受到垃圾分类的重要性，能够全面支持与理解垃圾分类工作，让"绿色、低碳、环保"的理念深入人心，让垃圾分类工作走进乡村家家户户。

坚持源头减量、分级分类。垃圾分类最难,难在哪里?难在源头减量。应以推进移风易俗深入村落,注重源头管控,减少铺张浪费、过度包装、生产生活垃圾、外卖餐盒等垃圾产生,倡导资源循环利用,促进生活垃圾源头减量。同时,重注发挥群众主体作用,倡导转变生产和生活方式,树立绿色环保的理念,从源头上减少垃圾产生量,进一步推动城乡生活垃圾分类。

坚持因地制宜、逐步推进。乡村普遍面积广阔,人口分布呈现"大分散、小聚居"的特征,农村生活垃圾来源分散,生活垃圾类型也有很大差异。再加上农村垃圾处理运行机制不健全、垃圾收集和运输成本较高、村民环保意识薄弱等因素,应结合实际通过创建试点,宣传引导,以点带面稳步推进垃圾分类。并制订符合实际、切实可行的分类投放、分类处理的具体方案,分阶段实施,做到科学统筹、因地制宜地开展垃圾分类工作。

垃圾分类试点工作不仅会加快分类投放、分类收集、分类处理的农村生活垃圾治理体系建设,同时,还会进一步推进农村生活垃圾减量化、资源化、无害化处理。建立健全农村垃圾长效治理机制,将会有效改善农村人居环境,助力乡村振兴,为全面乡村振兴夯实基础。

21. 乡村绿化美化状况如何改善?

乡村绿化美化不仅承担着公共服务的重要功能,也是乡村风景的重要基底和乡愁的重要载体。乡村需抓住造林时机,通过拆违还绿、留白建绿、见空插绿,实现以绿挤乱、以绿治脏、以绿净村、以绿美村的目标。乡村的绿化美化,将在街坊道路、公共绿地、沟河渠边和村民庭院等区域同步实施。

村内公共区域绿地则要在见缝插树、应绿尽绿的同时适当配置座椅、花坛、甬道和园林小品等设施,让村民"进得去、有得看、留得住";沟河渠边要营造护滩林、护岸林,既可以提升绿化景观,又具有保土固沙、净化水质的生态功能;村民庭院绿化要将观赏、功能、经济三者有机结合起来。未来,集中居住型村庄林木绿化率将达30%、分散居住型村庄也将达15%以上,逐步实现"村在林中、路在绿中、房在园中、人在景中"的景观效果。

　　农村人居环境建设是一项复杂性和系统性的工程，农村绿化也绝不是种几棵树这么简单，从某种意义上而言，树木是彰显地域文化的一种形式。因此，在农村绿化工作中，科学选择树种就显得尤为重要，有效提升农村绿化的效果和改善农村的自然环境，对提升农村居民的生活品质具有一定的积极意义。

　　乡村的绿化美化工作，乡土树种是必然的主力军。乡土树种实质上是本土的原生树种，是在本地自然环境条件下，历经长期的优胜劣汰和自然选择留存下来的，不管是从结构还是从外貌来看，均与当地的自然环境相适应，能够很好地抵御当地的极端天气和气候，这一点尤为重要。因为中国是典型的季风性气候，冬天冷、夏天热，尤其是夏季，干旱与洪涝并存，一般树种很难通过考验。

　　因此，乡土树种在农村绿化中的应用，可以有效避免上述不良现象的产生，增强抵御干扰的能力，逐渐改善当地的生态系统，具有稳定当地生态系统的积极作用。

　　同时积极推进乡村绿化美化是乡村生态振兴的"先手棋"，是乡村振兴战略的重要内容。大力推进乡村绿化美化，逐步改善农村人居环境，提升农民生活品质，带动乡村旅游、森林康养、特色林草产品等产业发展，实现生态产业化、产业生态化，让广大农民共享绿化成果。全面提升农民群众的获得感和幸福感，努力打造生态宜居的美丽乡村。

22. 乡村生产灌溉状况如何改善？

　　农业基础设施薄弱是制约现代化农业绿色生产的发展的因素之一。目前，我国农田有效灌溉系数只有 0.53，比发达国家平均水平低了 0.2。因此，大力推广节水灌溉，发展节水农业是我国促进农业生产结构调整、加强水资源管理的重要措施。

　　通过加强农业用水管理，制订科学的灌溉制度，完善工程设施，因地制宜地推广各种节水技术；抓住输水、配水、结构调整、技术推广等关键环节，以农业增效和农民增收为目标，遵循农作物需水规律，改革耕作制度，优化种植结构，配套田间节水设施；实行工程节水、农艺节水、管理节水相结合，突出田间农艺节水技术创新和普及，注重农机农艺融合配套，构建高效节水农业技术体系，集成创新节水技术。例如，村居的生活污水通过三级沉淀过滤后可直接用于灌溉，将水资源循环利用；通过提高水资源利用率和使用效益，促进传统农业向集约化农业转变，形成一批优质高效农业生产基地，提高农业经济效益。

23. 乡村绿色种植状况如何改善?

种植和植保过程中的化肥、农药污染治理是农村人居环境整治的重要组成部分，也是农业生产向高效优质方向迈进需解决的迫切问题。化肥、农药减量使用行动是生态环境保护的重要内容。农业面源污染中主要是农药面源污染，主要存在的问题是使用农药对农业生态环境的污染，如不规范使用农药、过量使用农药、施药器械滴漏、使用高毒农药而造成的农业环境面源污染。

农药减量主要途径包括：一是统防统治减量，开展专业化组织防控、统一用药、集中防控、联防联控。二是绿色防控减量，释放天敌、使用生物农药、诱捕杀灭、轮作倒茬、错期种植、机械除草。三是科学用药减量，适时防治、对症用药、使用低风险农药和大型高效药械、添加助剂、更换专用喷头等。

通过推广应用新技术，实现农药减药控害。扩大农作物病虫害专业化统防统治和绿色防控范围，实现农药施用量逐年递减，最终达到绿色生产种植、优化农村人居环境的目的。

24. 乡村公共保障服务状况如何改善?

乡村困难人群基本保障方面。各地应聚焦最关键的环节和最需要的人群，优先补齐服务短板，促进公共服务资源向基层延伸、向农村覆盖、向边远地区和生活困难群众倾斜。如甘肃省天祝县聚焦残疾人群体的急、难、愁、盼，探索建立"公建民营医养结合、公立机构兜底保障、幸福大院就近照护"等多种公共服务模式，不仅切实提高了残疾人脱贫脱困质量和效益，更重要的是解决了"照看一个人、拖累一家人"的根本性难题。通过多种托养照护方式的实施，在健全公共机构托养服务体系方面积累了经验。福建省莆田市建立"网格＋留守（困境）儿童关爱保护"工作机制，以"一网四化"的实践探索，有效打通了关爱救助留守（困境）儿童的"最后一公里"，构筑起"政府、社会、家庭"三位一体，关爱救助及时、精准、全面的留守（困境）儿童关爱救助体系，为留守儿童健康成长撑起一片天空。

城乡医疗资源配置不平衡是基本公共服务供给突出存在的客观挑战，破解的关键是让优质医疗服务流动起来。山东省文登区"推动优质医疗资源下乡"试点，组建多种形式的医联体，让专家坐诊带教、医生下乡入户、药品直送家门，使农民群众看病就医"近不出村、远不出镇"，为满足农村"看好医、看病易、吃好药"提供了新思路。

25. 乡村文体娱乐状况如何改善？

体育和农村文化建设有何必然联系？又如何在农村人居环境推进中发力？以浙江省为例，浙江省印发的《浙江省高水平推进农村人居环境提升三年行动方案（2018—2020 年)》，提出在美丽宜居乡村建设中走在全国前列的美好愿景。而这其中，建设体育特色小镇、打造农村文化礼堂、加强基层体育场地设施建设等方面的内容包含在内，备受瞩目。

《浙江省高水平推进农村人居环境提升三年行动方案（2018—2020年)》重点任务指出：要"整体提升村落保护利用"，其中着重强调要加强农村文化礼堂等公共文化服务设施建设。通过了解，经过多年建设，浙江的文化礼堂逐渐成为农村公共文化空间、重构乡村生活秩序、提升农民素质的重要载体，也俨然成为体育惠民的"一线阵地"。

《浙江省高水平推进农村人居环境提升三年行动方案（2018—2020 年)》中还要求"加快特色小城镇培育建设"。在特色小城镇培育建设中，体育小镇是不可或缺的组成部分。因为他们具备了产业上"特而强"、功能上"高而精"、形态上"小而美"、机制上"新而活"。而这些特点都与《浙江省高水平推进农村人居环境提升三年行动方案（2018—2020 年)》中的要求不谋而合。另外，《浙江省高水平推进农村人居环境提升三年行动方案（2018—2020 年)》还要求"促进城乡基础设施一体化建设"。而这其中，体育场地设施建设又是一个重要的元素。浙江省住房和城乡建设厅会同当地林业、旅游、体育等部门开展的"浙江最美绿道"评选活动，包括"城镇型绿道"和"郊野型绿道"。位于农村的"郊野型绿道"建设，不仅提升了农村的人居环境，也让老百姓有了更多健身好去处。让体育在农村人居环境提升方面继续起到锦上添花的作用，接下来将继续加强农村基层体育设施建设，抓好城乡公共体育设施均等化的统筹工作。围绕便民、利民的原则，建设群众身边的体育设施。农村体育设施建设好以后，在方便群众锻炼的同时，对于农村环境也有很好的促进作用。

二、共同参与、齐心协力维持美丽农村人居环境

26. 如何带动村民爱护村庄？

积极发动、大力宣传，营造舆论氛围，增强农村居民主体意

识。农村居民是农村人居环境整治行动的受益者，也是整治行动的主力军。各地通过多渠道、多形式开展农村人居环境整治宣传，营造舆论氛围，提高农村居民的参与意识，使其积极、主动、全面参与农村人居环境整治的全过程，真正成为农村人居环境整治的主体。

（1）利用常规宣传阵地造声势　充分利用标语横幅、乡村画墙、广播电视、微信群、"小手牵大手"等形式广泛宣传，让农村人居环境整治工作家喻户晓，妇孺皆知。调研问卷结果显示，97.7％的调查对象对农村人居环境整治政策有所知晓和了解，其中，了解渠道中有53.4％是通过乡村干部政策宣传，有34.6％是通过电视、广播等新闻媒体。

（2）创新形式促环保理念入脑入心　开展乡村夜话、百姓大舞台、地方戏曲、快板民谣等群众喜闻乐见的艺术活动，开展"道德教育讲堂进农村""送法下乡""农村人居环境整治常识讲座"等教育活动，分发春联、小手册等宣传资料，自行组建乡风文明先锋队，让清洁卫生、环保文明的理念潜移默化地根植于群众之中。

调研走访发现，通过广泛宣传发动和思想教育，农村居民的卫生清洁意识可得到大幅提升，卫生习惯得到明显改善。同时，农户的主人翁意识也有所提升，激发了农民主动参与人居环境整治的积极性。一项村居民意调查结果显示，97.7％的调查对象愿意为改变村里的环境出一份力，92.7％的调查对象愿意为清理生活垃圾、打扫公共区域卫生等改善村里环境的措施付费。

邵阳市新宁县清江桥乡清江村是践行村民自治的典范。清江村成立了"优秀乡风文明先锋队"，由200多名村民自愿发起、组织，积极参与村里人居环境治理、移风易俗、贫困帮扶等志愿服务，他们通过宣传以及身体力行，带动全体村民从整洁村容开始，树立良好的文明乡风。在先锋队的引导下，村容村貌有了显著改善，村民们环保意识更是发生了质的飞跃，开始主动维护这来之不易的劳动成果，从"要我干净"变成"我要干净"，自觉维护自家周围的环境卫生。

27. 干群如何共同动手为乡村驻新颜?

加强乡风文明建设,通过健全和完善村规民约,落实农民主体责任,提高农民的环境卫生意识和公民道德意识。逐步完善农村生活垃圾治理体系,形成"农户分类、村组收集、乡镇转运、区县处置"的农村生活垃圾常态化治理机制。

(1)大力推广农村垃圾分类 政府对每户农户免费下发可回收和不可回收垃圾桶,引导农户进行可回收和不可回收垃圾分类。

(2)建设日常保洁常态化机制 完善保洁人员管理,落实经费保障等制度。按片划分卫生责任区,建立分片、分区网格化管理模式,实现日常保洁常态化。

(3)签订"三包"协议 制订"门前三包,门内达标"管理制度,并同本村农户、商户均签订"门前三包,门内达标"协议书,落实农户、商户维护良好人居环境责任。

(4)完善垃圾转运体系 新建乡镇垃圾中转设施,实现乡村垃圾收集中转设施"全覆盖"。

(5)探索垃圾回收渠道 提倡有条件地区针对农村生活垃圾分类减量回收体系进行探索,"交一点、卖一点、填一点、沤一点",致力于实现农村可回收垃圾资源化利用,有害垃圾有序回收、规范处置。

28. 如何发挥法治力量维护公共环境?

农村人居环境整治是实施乡村战略的"第一战",是美丽乡村建设的助推器。在积极通过宣传引导和制度强化的基础上,充分发挥法治力量在实施农村人居环境整治中的重点工作,通过法制宣传引领、环境依法治理、矛盾纠纷化解等为农村人居环境整治工作提供有力的法律服务和法律保障。

第一,以法律为载体,全方位、立体化、高密度宣传改善村容村貌、保护生态环境、提高农民收入、完善公共服务、维护社会和谐等方面的法律法规,为全面提升农村人居环境水平营造良好的法治氛围和环境。区县、镇街可以通过开展"法律进农村"普法宣传的形式，发放提升人居环境等方面的宣传资料，以普法讲师团、干部学法用法平台、农村党员夜校、"村村响"系统等平台为依托，围绕农村人居环境整治难点问题，通过法律摘播、法律知识讲座为农村党员和村小组干部宣讲人居环境相关法律知识，进一步提高环保法治观念。

第二，充分发挥法律顾问团的参谋助手作用，参与基层政府环境整治方案制订，对涉及环境整治工作中建筑物拆除、土地承包、污染企业和污染作坊的关闭处罚等提供法律保障，加速推进农村人居环境依法治理。

积极推进生态环境行政执法"三项制度"，规范生态环境部门行政检查、行政处罚、行政强制、行政许可等行为，促进生态环境保护综合执法队伍严格规范、公正文明执法。

通过上述形式化解矛盾纠纷，进一步加强基层人民调解组织建设，对可能引发的涉及人居环境方面的矛盾纠纷，积极排查，提前预防，及时化解。对农村"门前三包"、农户散养行为、粪污处理、农村生活垃圾处理、塘沟河渠污染、畜禽养殖粪污等影响环境整治的矛盾纠纷，建立快速处理化解机制，确保调后不反弹。通过矛盾纠纷的有效化解，不断提升基层群众"绿水青山就是金山银山"的思想意识和行动自觉，为人居环境整治创造稳定的法治环境。

第三，整治农村人居环境，离不开监督体系，应通过监督体系释放制度优势的治理效能。同时，要打好舆论监督"组合拳"，通过多方位、立体化的舆论监督，倒逼人居环境改善。

(1) 打好舆论监督与舆论监管组合拳　比如，在疫情防控中，要对流言、谣言等及时进行治理，回应民意，以正视听。

(2) 打好舆论监督与舆论引导组合拳　面对鱼龙混杂的信息，要充分发挥舆论引导功能，通过各种渠道，向村民及时传播权威易懂、科学合理、务实管用的环境与公共卫生信息，将群众的注意力导向农村人居环境治理上来。

(3) 打好舆论监督与其他监督组合拳　针对一些落实不到位、工作不努力的现象，要推动舆论监督与其他形式的监督有机贯通、相互协调，协同破解农村人居环境整治、公共卫生体系建设中存在的问题。

三、多措并举、持续扮靓农村人居环境

29. 人居环境整治中需要树立哪些观念?

改善农村人居环境，提高老百姓生活质量，是党和国家对广大农民群众美好生活期盼的回应，是当前和今后一段时期"三农"领域的大事要事难事。农村人居环境整治，从某种层面上讲，是对我国广袤农村地区实施环境改善和环境管理，是一项超大型民生工程。应从环境管理的角度树立十大环境观，不断提升农村人居环境整治成效。

(1) 思想理念观，牢牢树立绿色发展观和可持续发展观 要树立可持续发展理念，发展绿色产业，增加农村农民收入，为持续改善农村人居环境注入不竭动力。要意识到改善农村人居环境不是一朝一夕的事情，需要持续发力，久久为功。要把建立可自我良性运行的长效管用机制作为最终目标，保证乡村环境问题不反弹，长期美丽洁净。

(2) 环境系统观，全要素全面改善农村人居环境 山、水、林、田、湖、草是生命共同体，环境是一个系统。农村人居环境也包括了土壤、水、气体等环境要素。环境具有典型的木桶效应，即某一方面环境质量不好，其他环境质量再好，群众的感受也不会好。要把所有环境要素都考虑全，彻底治理好农村环境问题而不是将污染物转移，全面改善农村人居环境。

(3) 环境容量观，充分利用好农村生态环境系统的自净能力 相比城市生态系统，农村生态系统更接近自然的状态，要充分意识到并发挥好农业生态环境系统本身具有的污染物净化能力。发挥好农业生产系统就地就近就农资源化利用;发挥好农村生态系统中的湿地生态系统、土地渗滤系统等的治污能力，低成本生态处理环境问题。

（4）环境经济观，建立并实施污染者付费原则　在农业生产层面，要逐步加强对一些大型畜禽养殖场、乡村企业等易形成环境污染的点源管理。延伸相关企业的环境责任，承担相应的治理成本，让生产者对产生的污染物付费，用于环境治理。在农村生活层面，要探索建立农户付费合理分担机制，既能减轻政府部门财政负担，也能保证农民群众的参与积极性，发挥好群众监督作用。

（5）环境伦理观，防止城市污染物向农村转移入侵　长期的城乡二元发展，造成了城市富裕、先进，农村相对贫穷、落后的局面。要防止先进"欺负"落后。要预防在农民环境意识不高以及经济回报刺激的情形下，城市垃圾尤其是一些难处理、处理成本高的垃圾，转移到农村的倾向。要坚持谁污染、谁治理的基本原则，城市工业垃圾要由城市处理好，防止向农村转移。

（6）环境治理技术观，选择最佳适用技术　农村人居环境整治是一项技术性极强的工作。一方面，不能存在畏难情绪，等、靠、要，因找不到"最完美"的技术迟迟下不了手，工作进展缓慢。要因地制宜选择国家推荐的技术，大胆开展工作。另一方面，对于新出现的先进技术，要采用试点的方式，测试其与实际农村环境整治的匹配性，先试点示范，在不断总结改进完善的基础上，再全面推广应用。

（7）改善环境手段观，多管齐下发挥综合效应　要采用多种手段改善农村人居环境，充分运用好法律手段，通过刚性约束保证农村人居环境整治主要措施落实落地；充分运用好经济手段，通过市场无形的手引导调节各方力量参与农村人居环境整治；充分运用好公益手段，搭建和完善群团组织、企业、科研机构及个人都可参与农村人居环境整治的平台和渠道，健全完善相关参与机制，引导和应用好公益力量共同改善农村人居环境。

（8）环境宣传观，大家的事情大家干　农村人居环境是农村公众共享的资源，大家的事情需要大家一起干。要通过各种教育培训方式发动广大农民群众参与到农村人居环境整治工作中来，逐步改变不良的生活习惯，树立保护环境意识，变被动要求为主动自觉改善环境。要宣传绿色消费意识，将绿色消费作为新时尚，将节约意识贯穿于消费全过程，减轻环境压力，改善环境质量。

（9）清洁生产观，以源头减量纾困末端治理　改厕过程中要选择节水型产品，从源头上节约用水，降低末端厕所粪污处理压力和成本。农村生活垃圾要源头分类减量，可回收的垃圾要回收利用，厨余垃圾、畜禽粪便、秸秆等可采用生物技术生产有机肥等变废为宝，从源头上减少垃圾处理量。同时，通过测土配方施肥、采用可回收利用农膜等方式，降低农业生产废弃物产生量，减少对农村环境的污染。

（10）环境区域观，全域推进农村人居环境改善　环境改善，从区域上来讲有一定的要求，不能是点上、局部的改善，而是一定规模区域的全面改善。要有整县、整市甚至整省、整流域综合整治的概念，全区域、全流域统一规划和实施，推进农村人居环境整治。要通过全域推进，避免小打小闹，避免"撒胡椒面"，确保整体提升、持续改善，变一时美、局部美为持久美、全面美。

30. 政策引导、规范护航如何实现？

当前，我国农村公共基础设施和公共服务在供给不足的同时，也面临着"有钱建、无钱用""有钱建、无钱管护""重建轻管"等问题。应继续完善以政府主导、集体补充、村民参与、社会支持的投入机制，保证整治工作的资金需求。在一次问卷94位提出建议和意见的农村居民中，29位提到了希望加大政府资金投入。政府加大财政专项资金投入，整合各类涉农资金和涉农环保资金，统筹安排、形成合力。科学合理运用财政补助资金，加强项目管理和资金使用的监督，创新补助方式，提高资金的导向作用和激励作用。

《农村人居环境整治三年行动方案》中提到，除了地方各级政府要加大投入力度，合理保障农村人居环境基础设施建设和运营资金外，还需加大金融支持力度，积极引导金融机构依法依规为农村人居环境整治提供信贷支持。充分调动社会力量积极参与，鼓励各类企业积极参与农村人居环境整治项目，引导相关部门、社会组织、个人通过捐资捐物、结对帮扶等形式，支持农村人居环境设施建设和运行管护。

　　江苏省扬中市为了实现农村公共服务工作的常态化、长效化，因地制宜，坚持资金保障硬性化，确保资金保障的同时，强化考核奖惩和标准化建设，确保基层"能办事、办好事"。陕西省泾阳县通过政府购买公共服务的方式，有效破解中西部地区农村环境卫生治理"谁来干、怎么干、钱从哪儿来"的难题，对创新公共服务经费投入机制、运维机制不失为一种积极探索。更重要的是，通过提升垃圾处理效能，做好垃圾分类，积极推进农村生活垃圾减量化、资源化处理，大力探索智慧环卫，为农村生态环境治理插上现代信息技术的翅膀。贵州省水城县以易地扶贫搬迁为契机，将基础设施、公共服务设施、便民服务设施等同步规划、同步建设，提升农村公共服务水平和可及性，实现由"搬得出"到"稳得住"的跨越。

　　完善长效管护机制，保障整治效果的可持续性。农村环境整治是一项具有极大复杂性的系统工程，非一朝一夕可成，需要制度、标准、经费、队伍、督查等多项要素的长期保障。

　　（1）完善管护经费保障制度　积极探索建立农户付费、村集体补贴、各级财政补助相结合的管护经费保障制度，合理确定政府、村集体和农户的出资责任，为人居环境整治工作提供充足的运营资金保障。

　　（2）增强农村的内生动力，强化农民主体责任　要加大宣传力度，利用好微信、微博等新兴媒介，让更多的农民了解政策，主动参与；制定村规民约，约束不卫生、不文明、不健康行为，提高农民的环境卫生意识和公共道德意识。

　　（3）明确监督和考核机制　制度不能只"写在纸上，挂在墙上"，而要落实在行动上，明确农村人居环境整治的监督和考核机制，对各级责任主体建立奖优罚劣的督查考核评比机制，用奖惩手段确保农村人居环境整治的成果持续发挥作用。

31. 市场推动、资源优化如何进行?

农村人居环境整治是个"大蓝海",存在大市场,亟待深入发掘。但市场主体如何进来? 又如何进好? 是摆在我们面前的现实问题,既躲不过也绕不开,必须坚定信心,直面问题,创新方式方法,吸引各类企业积极参与,特别是发挥好心系农民、热爱乡村的本土龙头企业、返乡创业主体的作用。推进农村人居环境整治,必须遵守市场经济规律,发挥市场主体的关键作用,实现环境改善与企业营收最佳融合。市场主体是配置资源的主体力量,通过构建产业链,把政府和农民联结起来,增强"造血"功能,推动可持续运行,促使农村人居环境整治进入良性循环。

(1) 以奖代补、先建后补,充分发挥财政资金撬动作用 政府要尽量减少干预,让市场充分发挥资源配置的决定性作用。实践证明,政府过于频繁的调控,使得市场更关心和更多地研究政府的政策走向而不是市场走向,诱发的是短期行为和投机心理,这与农村人居环境整治这项长期性工作的目标相悖。

农村人居环境整治项目多具公益性或准公益性,而市场主体最基本的属性是营利,故而有效发挥财政资金撬动作用是激发资本活力的关键。可通过以奖代补、先建后补等方式,吸引市场主体积极投身农村人居环境整治,达到以奖促治的目的。也可借助政府强大的发展推动力,结合当地实际条件,积极推行政府和社会资本合作项目融资、地方政府债券融资等模式,打通市场主体和银行、信贷等机构的联通渠道,充分用好债务融资工具,拓宽融资渠道。

(2) 找准目标、精准发力,充分发挥当地龙头企业作用 于农村人居环境整治而言,龙头企业的意义主要有两点:一是示范引领。龙头企业受关注程度远高于一般企业,它的一举一动都被农民群众看在眼里,当作学习的榜样,而且企业中相当一部分人是本地农户,稍加引导就能形成"裂变链式反应",示范引领效果明显。二是宣传带动。龙头企业不同于一般企业,它肩负着带动农户和促进经济发展的重任,在本地区号召力、引导力非常强,甚至超过政府部门，能带动非常多的农户。

应按照"政府引导、企业主体"原则，围绕"抓龙头、带农户、促整治"思路，牵住"牛鼻子"，对积极参与农村人居环境整治的企业给予一定的财政资金奖补及土地规模化流转、产品加工和物流建设用地等政策支持，促进科技、人才、资金等生产要素聚集，培植当地企业，促进企业发展，努力打造"以政策带企业、以企业促整治、以整治换发展"的良性循环。

（3）统筹考虑、融合发展，充分发挥"农村人居环境整治＋产业"作用　我国很多村庄还未实行生活垃圾分类和生活污水治理，无害化卫生厕所改造数量不足一半，农村人居环境整治任重道远，需要长期投入、大众参与。引导市场主体参与绝不能只靠财政资金，毕竟不是长久之计。应找准农村人居环境整治和企业效益的平衡点，让企业看到营利点，自发投身于农村人居环境整治。在符合相关法律法规的情况下，可探索将农村生活污水、农村生活垃圾等需要长期运维的项目，外包给第三方专业机构，一体规划、一体建设、一体管护。可尝试出台政策文件，整合高标准农田、农业面源污染等项目资金，支持引导市场主体在当地构建自己的产业，长期稳定服务于当地农村人居环境整治，避免出现"打一枪换一个地方"的现象。

32. 激发潜力、永续振兴如何推动？

开展农村人居环境整治最终目标是实现乡村美丽，美丽乡村需要经济支撑，因此，在整治农村人居环境的同时，实现以"富"带"美"，促进农村人居环境"形神兼备"，确保治理成果常态化、长效化。

实施乡村振兴战略，就是要以环境美促进生态美、乡村美、产业美，吸引城市游客实现乡村游，逐步发展民宿产业和运动休闲产业，对产业"洗牌"，确保生态环境治理常态化，从而激发乡村振兴的内生动力和活力。

以扶持农业产业为切入点，提升人居环境整治水平。农业是农村发展的基础和命脉，是农村一切生产生活的首要条件，而靠扶持农业产业发展带动基础设施建设是众多农村的现状，这也是实现基层政府、企业、农村互惠互利的一个良性渠道。所以，要以壮大农业产业为突破口，引进农业龙头企业，发挥农业产业规模化聚集效应，以产业发展辐射提升农村基础设施建设水平，以点带面提升农村人居环境。

以丰富文化旅游产业为载体，为人居环境注入灵魂。旅游产业发展和农村人居环境整治是相辅相成的，好的环境能宜游宜养宜居，乡村旅游发展能有效推动农村环境改善，而融入文化元素，更是为美丽乡村注入"灵魂"。因此，开展农村人居环境整治，要兼顾发展农村文化旅游产业，要认真梳理村庄文脉资源，把文化符号、文化传统、文化古迹与人居环境整治重点结合起来，融入乡村旅游业，在旅游产业发展、环境风格塑造上彰显本土文化特色，实现产业发展和环境整治相辅相成，融合发展。

以多元化产业发展为根基，为人居环境添动力。真金白银是保障人居环境整治的物质基础，仅仅依靠单一的产业不可能实现农村经济繁荣。对此，开展农村人居环境整治就要促进产业多元化发展，探索以村集体经济或"企业＋合作社＋村民"等方式，构建和延伸农业"接二连三"的产业链和价值链，如运用"互联网＋"模式与绿色农产品、特色民宿、农事体验、乡村旅游等新兴业态相融合，逐渐形成多元新业态、服务业主业化、农业副业化发展趋势的产业模式，为农村人居环境整治厚植经济资本，最终实现经济支撑农村美丽。

以四川省广安市为例，广安市坚持把"三农"工作作为全市工作的重中之重，大力实施乡村振兴战略，建设"美丽广安·宜居乡村"，着力建基地、创品牌、搞加工，让产区变景区、田园变公园、产品变商品，实现"农业强、农村美、农民富"，为擦亮四川农业大省金字招牌贡献了广安力量。

山水格局，绿野寻踪；浅街深院，宜居宜商；雅居美庐，悠然自得等，以农村人居环境整治带动乡村产业兴旺，不仅村子美了，农民富了，更为乡村振兴奠定了可持续发展的产业基础。

"看得见山，望得见水，留得住乡愁"是新时代国家对重塑美丽乡村的新要求。"大鹏之动，非一羽之轻也；骐骥之速，非一足之力也"。农村人居环境整治，非一朝一夕之功，非一人一事之举，只有充分调动各方积极参与、持续投入，形成全社会共推共举的大格局，才能让美丽中国不落下农村这一块，才能让诗与田园永在、乡愁乡情永续。

农村人居环境整治案例

案例一　荣成东墩村美丽乡村

项目名称：荣成东墩村美丽乡村农业规划设计。
项目地点：山东省威海市荣成市东墩村。
规划设计：山东乐彩生态农业科技有限公司。
景观设计：山东乐彩生态农业科技有限公司。
设计时间：2017年9月。

一、东墩村简介

东墩村位于荣成市宁津街道中部地带。交通便利，临近908省道，距离荣成市中心、高铁站约20千米，距离威海国际机场约30千米，距离文登火车站约50千米。2019年6月，东墩村被列入第五批中国传统村落名录。

二、东墩村的规划理念

东墩村以自身海草房为优势，定位民宿特色小镇，形成独特的海草房文化。同时与威海市其他旅游景点串联，前期做民宿配套服务，后期逐步发展成集娱乐、购物、文化、住宿、青少年科普、党校培训等于一体的综合性农业旅游园区，从而带动东墩村以及威海市整个旅游业的发展。

三、东墩村的规划结构

以谷牧旧居为代表的稀世民居珍品海草房旅游资源，以非物质文化遗产保护为基础，丰富绿色景点、民俗文化景点，形成综合性的滨海旅游度假宿营区。

打造独具特色的核心吸引力"五与一向"。即民居与政治（红色旅游）联姻，民居与绿色（生态旅游）相应，民居与城乡建设（新农村）结合，民居与时尚（自驾游）结盟，民居与红色联合（区域合作），民居向质朴（乡村旅游）回归。

四、东墩村的规划定位

通过分析东墩村的资源优势，以规划的眼光进行系统分析，要最大限度地发挥东墩村的优势，将东墩村打造为中国内陆休闲旅行的目的地、北方海滨休闲栖息地；山东红色文化旅游教育基地。在荣成东墩村美丽乡村农业规划设计的项目中实施"最美威海、醉梦东墩"的战略主张，游威海、逛海岛、观沧海、住草房、品海鲜、享胶东民俗风情，民宿·民俗·民情或许就是对这个地方最美的诠释了。

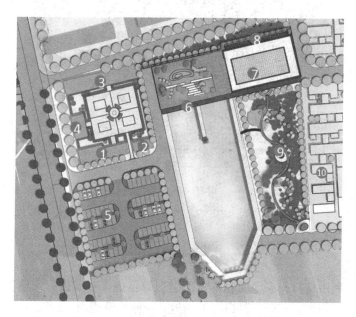

项目区平面图一

1. 游客中心　2. 迷你邮局　3. 特色商品售卖中心　4. 公共厕所　5. 生态停车位
6. 文化长廊　7. 活动广场　8. 阶梯看台　9. 儿童拓展区　10. 海草房

五、东墩村项目区规划提升

通过对便民公共服务中心旧楼及海草房进行整治，打造游客接待中心，楼前设置生态停车场。卫生室改建为迷你邮局，废弃仓库改建为旅游商品售卖中心，院内进行景观整治，设置为户外休憩场所。同时，对文化广场进行整治修建，用于后期大型节目的演出。通过对老旧的房屋进行修缮升级，重新使东墩村焕发新的活力，并大大促进东墩村的经济发展，带来了新的产业和新的生命。

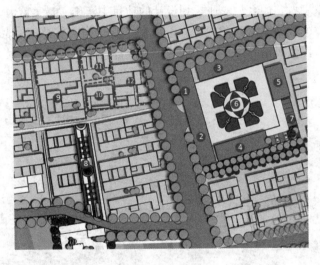

项目区平面图二

1. 红色会议中心　2. 影视厅　3. 党校培训基地　4. 乡村记忆馆
5. 综合管理办公区　6. 广场空间　7. 生态停车位　8. 谷牧广场
9. 谷牧旧居展览　10. 谷牧文化博物馆　11. 孔子文化院
12. 党校培训人员特色住宿

利用从村民手中回收闲置的老旧海草房，对其进行修缮整治，充分利用现状基础，打造四处场地，对原海草房内进行院内景观整治提升和室内装饰提升，重新焕发活力。同时打造集散式活动广场，并在周围打造红色文化教育中心，为后期接待团体及举办活动做好基础。

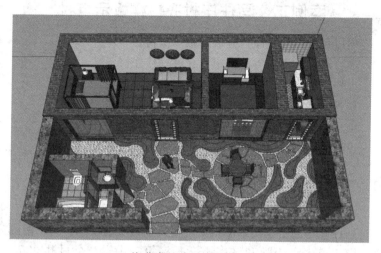

海草房整治后俯视图一

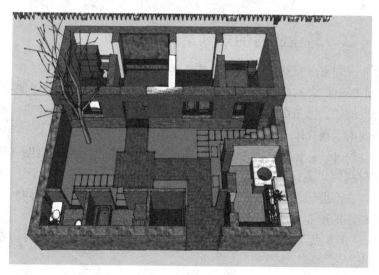

海草房整治后俯视图二

案例二　马住庄村齐鲁样板示范村

项目名称：马住庄村齐鲁样板示范村。

项目地点：山东省济南市章丘区马住庄村。

规划设计：山东乐彩生态农业科技有限公司。

景观设计：山东乐彩生态农业科技有限公司。

项目面积：215公顷。

设计时间：2019年7月。

一、马住庄村简介

马住庄村位于山东省济南市，308国道北侧，紧邻引黄三干渠。村庄紧邻高官寨街道驻地，环境优美，交通便利。村庄南侧为高官寨街道中心小学和济南市章丘区第三中学。全村共325户，1116人。一条南北的主轴线是村民生产生活等活动的主要交通道路。

二、马住庄村的规划结构

规划重点打造"一轴一区多节点"的村庄结构。

"一轴"：村庄南北的交通主轴。是景观展示轴，也是乡村振兴的发展轴。这条纵贯村庄南北的道路是马住庄村的主要交通线。道路向南直通321省道，是村庄对外交流的主要道路。

"一区"：依托高官寨街道甜瓜产业规模及技术优势，借助马住庄村西侧"高官寨街道千亩甜瓜产业示范园"得天独厚的区位条件，在产业园东侧规划马住庄村百亩甜瓜休闲农业体验区，同时也是村庄的产业基地。

"多节点"：分为两个主要公共活动节点和八个次要公共活动节点。

三、马住庄村的道路系统规划

梳理村庄道路，规划三级道路系统。

规划结构图

（1）对马住庄村的两条主干道以及主要街巷进行整治。完善村内路网建设，梳理人行道路系统，合理布局，主次分明。重点突出南北主要交通轴景观道的属性，增加东西交通轴的交通能力，改善其他街巷路面变化较大和断头路等问题。

（2）主干路路面破损严重，道路绿化参差不齐，需要重点整治，营造优美的景观大道。

（3）根据村庄现路网，按照使用功能、所处区域、未来发展需要将道路分级。主干道：沥青路面宽8米；二级道路：东西道路和村内主要街巷，沥青路面宽4～5米；三级道路：主要连接住宅组团，以步行为主，混凝土路面宽 2~3 米。

道路规划图

四、马住庄村的公共场地活动规划

（1）目前村内只有百和广场和健身广场两个活动场地，品质较低，活动休息设施不完善，不能满足村民户外活动的需要。

（2）利用村庄空置地和道路两侧的公共区域，设置邻里活动场地。

（3）利用村庄北侧已经整治的水塘设计滨水活动场地，形成马住庄村北侧的主要活动场地。

（4）公共活动空间的整体设计根据村民的分布和人流情况进行设置，以南北主干道为轴线展开，从而塑造高品质的公共活动空间。

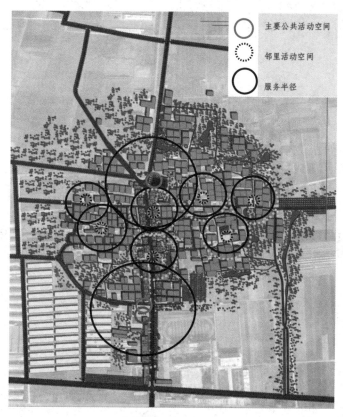

公共场地活动规划图

图书在版编目（CIP）数据

农村人居环境整治知识有问必答 / 杨赵河主编 . —
北京：中国农业出版社，2020.6（2024.10 重印）
（新时代科技特派员赋能乡村振兴答疑系列）
ISBN 978 - 7 - 109 - 26866 - 1

Ⅰ. ①农… Ⅱ. ①杨… Ⅲ. ①农村－居住环境－环境
综合整治－中国－问题解答 Ⅳ. ①X21 - 44

中国版本图书馆 CIP 数据核字（2020）第 089320 号

中国农业出版社出版

地址：北京市朝阳区麦子店街 18 号楼
邮编：100125
责任编辑：廖　宁
版式设计：王　晨　　责任校对：吴丽婷
印刷：三河市国英印务有限公司
版次：2020 年 6 月第 1 版
印次：2024 年 10 月河北第 11 次印刷
发行：新华书店北京发行所
开本：880mm×1230mm　1/32
印张：3.25
字数：120 千字
定价：18.00 元